世間唯愛與美食不可辜負

家庭早餐和下午茶
148道西式輕食，
餐桌上不可缺少的家常美味！
楊塵私人廚房02
楊塵｜著

飲食是生活的起點，一個人吃什麼與性情和品味有關

中華文化最偉大的特質就是兼容並蓄，這也是我們這個民族迄今屹立不搖的基石，在飲食文化裡中餐歷史悠久，口味繁多，而西方的飲食文化在近代因為中西貿易交流日盛和運輸科技進步也漸漸變成我們日常飲食的一部分。

我們的日常早餐雖有包子、饅頭、麵條、燒餅、豆漿、飲茶等等中國傳統食物，但不知不覺西式早餐中的麵包、三明治、沙拉、咖啡、乳酪、酸奶等等也經常出現於餐桌，而西方下午茶的風氣隨著工商社會的發展也漸漸融入我們現代生活之中，不管居家休閒，朋友相聚或商務洽談，下午茶的聚會給人一種更放鬆和自在的社交模式而廣受歡迎。

飲食是生活的起點，一個人吃什麼與性情和品味有關，雖然外面餐廳眾多，美食如林，但不見得都符合個人口味和需求。自己動手做早餐或下午茶點，不但可以掌握衛生條件，而且可以依個人口味調味，最重要的是可以隨時創作變化俱有高度的自由性，這中間的樂趣是從菜單設計，食材選購，烹調製作，餐具準備到作品呈現，可以完全根據個人的想法和理念來加以完成。

學習是享受的起點，有很多餐點的知識和經驗其實一開始個人也是一竅不通，但透過學習、模仿、練習和創作，慢慢發現其中的奧妙，飲食天地裡有真趣、親情和友情，這樣的過程不僅身體享受了美食同時也犒賞了內在的靈魂。從口腹之慾到心滿意足進而到自由靜好，在自己動手做自己喜歡的早餐和下午茶點裡有了這樣的收穫，謹此把平日生活做過的餐點整理成冊，希望能分享給家人和朋友，不管識與不識。

楊塵 2019.12.3 於新竹

目錄

名詞解釋

（後續如出現不同之食材、調料名詞請參照本處）

- 四色胡椒碎：由黑、白、紅、綠四種顏色胡椒磨碎混合而成。
- 優格＝酸奶
- 奶油＝黃油
- 鮮奶油＝淡奶油
- 乳酪＝奶酪＝起司
- 酪梨＝牛油果
- 紫梗羅勒＝九層塔＝泰國羅勒＝紅莖羅勒
- 卷葉萵苣＝西生菜
- 綠櫛瓜＝西葫蘆
- 番薯＝紅薯
- 馬鈴薯＝土豆
- 番茄＝西紅柿
- 蜜蜂草＝香蜂草
- 鮭魚＝三紋魚

CHAPTER 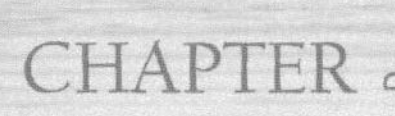

蛋類料理

01

燻鮭魚紫蘇蘆筍蛋捲

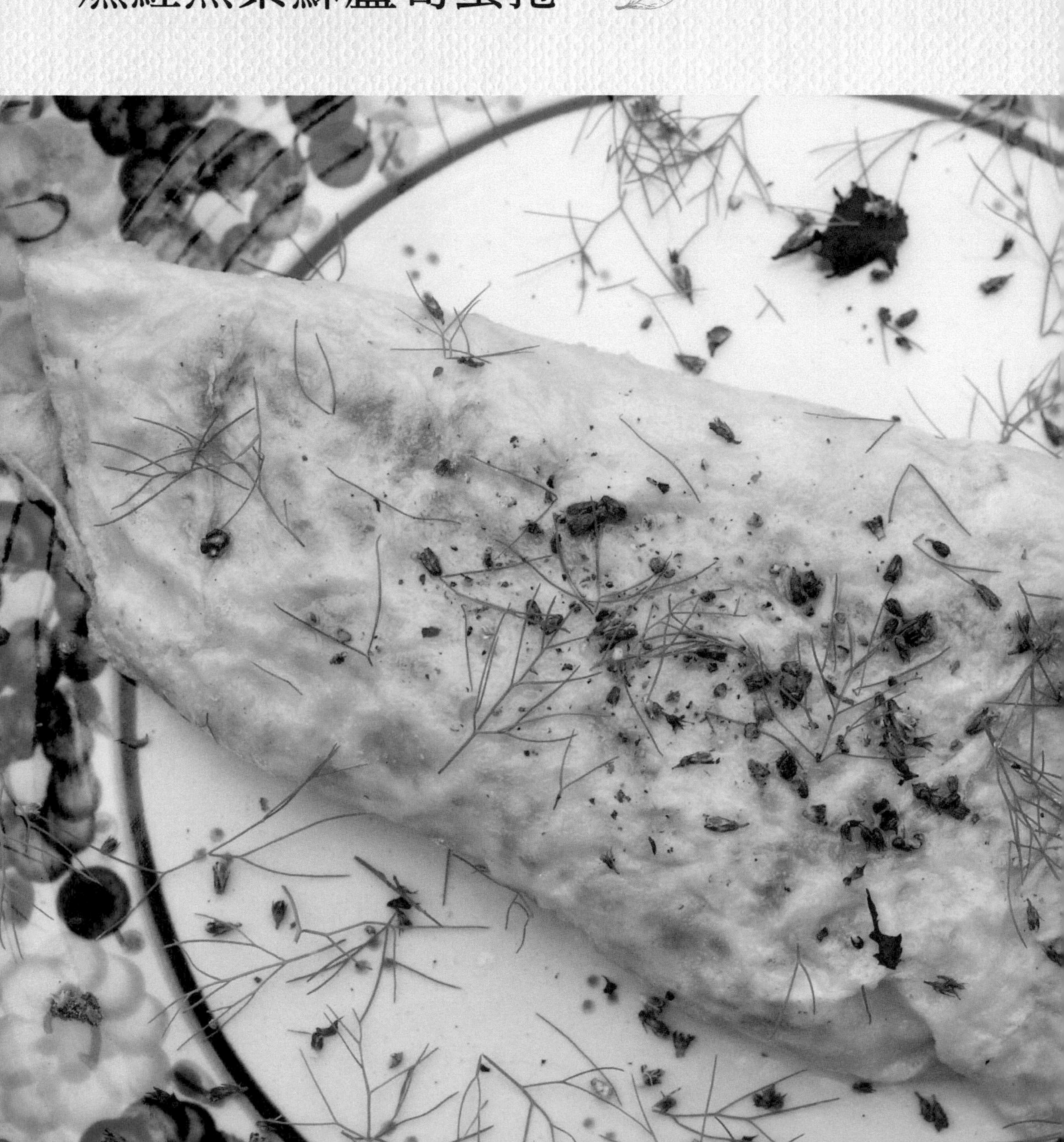

做法

1. 蔬菜和香草全部洗淨瀝乾，洋蔥和大蒜瓣去皮後切碎，蘆筍橫向切圓片，紫蘇葉切碎，雞蛋去殼後打散，加少許白胡椒粉和海鹽調成蛋液。
2. 煎鍋放油開小火，放入大蒜碎和洋蔥碎炒香後放入蘆筍切片同炒，約炒二分鐘後加一些海鹽和黑胡椒碎調味後關火備用。
3. 另一煎鍋放油大火熱鍋後取出多餘的鍋底油，放入蛋液後取鍋離火迅速轉一圈攤平蛋液，煎鍋放回火座把燻鮭魚片平鋪於蛋液上，接著放入蘆筍炒料和紫蘇碎，蛋液要凝固前用鍋鏟開始從邊上翻面捲成蛋捲。
4. 立即出鍋裝盤淋少許檸檬橄欖油，撒上紫蘇花和嫩葉以及小茴香嫩葉，用刀叉橫向切開食用。

食材

- 冷燻鮭魚切片
- 雞蛋
- 紫蘇
- 蘆筍
- 洋蔥
- 大蒜瓣
- 小茴香

調料

- 初榨橄欖油
- 黑胡椒碎
- 白胡椒粉
- 海鹽
- 檸檬橄欖油

02

法式蔬菜歐姆蛋

1

2

3

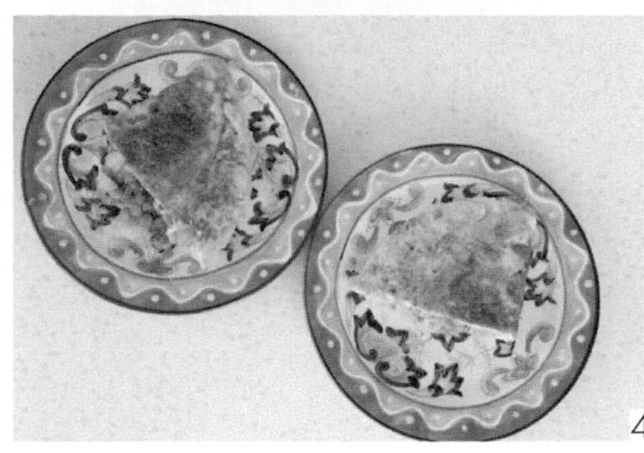

4

5

做法

1. 蘑菇擦拭乾淨切薄片，白洋蔥及胡蘿蔔去皮切小丁，豌豆剝取豌豆仁備用，大蒜瓣去皮切薄片。
2. 炒鍋放橄欖油炒香大蒜片後加入白洋蔥丁、胡蘿蔔丁，炒五分鐘後加入蘑菇片，再炒五分鐘後加入豌豆仁並撒一些黑胡椒碎及乾燥荷蘭芹，等豌豆仁熟了就加海鹽調味並盛出備用。
3. 雞蛋打散加少許海鹽，小煎鍋放油開中火，倒入打散的蛋液，等底部開始凝固，把之前的蔬菜炒料，鋪在蛋液上，然後用小鍋鏟由蛋液底部邊沿往內慢慢包裹炒料並捲成蛋餅，只要雞蛋一熟用鍋鏟把蛋餅切成兩半盛出裝盤。
4. 裝盤後撒一些黑胡椒碎和新鮮小茴香嫩葉。

食材

- 雞蛋
- 蘑菇
- 白洋蔥
- 豌豆
- 胡蘿蔔
- 小茴香
- 乾燥荷蘭芹
- 大蒜瓣

調料

- 黑胡椒碎
- 海鹽

03

燻鮭魚煎蛋帕里尼早餐

1

2

3

4

5

做法

1. 蔬菜和水果全部洗淨瀝乾，小黃瓜和櫻桃蘿蔔切薄片，紫洋蔥切絲，大蒜瓣去皮切碎，黃桃去皮去籽切瓣，雞蛋打散加少許黑胡椒碎和海鹽，蘆筍切中段，栗子去皮，帕里尼麵包從側面中間剖開，酪梨去皮去籽切小塊。
2. 酪梨塊加海鹽、檸檬汁、奶油奶酪，用叉子搗碎並攪拌成醬料，然後塗抹在帕里尼麵包底座。
3. 栗子煮二十分鐘加一些海鹽，入蘆筍煮一分鐘後一起撈出，然後加一些檸檬橄欖油和黑胡椒碎拌勻備用。
4. 煎鍋放橄欖油用小火炒香大蒜碎和洋蔥碎，轉大火分別放入雞蛋液和燻鮭魚片，捲成蛋捲後取出放在帕里尼麵包塗醬上，放上小黃瓜片、櫻桃蘿蔔片、紫洋蔥絲、撒些胡椒碎後裝盤，把黃桃片和薄荷擺上，把栗子和蘆筍也裝盤，最後撒上紫蘇花，配現磨咖啡當早餐。

食材

- 煙燻鮭魚（三紋魚）切片
- 紫洋蔥
- 小黃瓜
- 櫻桃蘿蔔
- 雞蛋
- 蘆筍
- 栗子
- 黃桃
- 薄荷
- 紫蘇
- 酪梨（牛油果）
- 大蒜瓣
- 義式帕里尼麵包

調料

- 檸檬汁
- 黑胡椒碎
- 奶油奶酪
- 初榨橄欖油
- 檸檬橄欖油
- 海鹽

04

簡易班尼迪克蛋烤吐司

做法 

1. 湯鍋放水開大火煮滾後加入少許白醋，關火並用勺子攪動開水形成漩渦，去殼的蛋液從漩渦中間放入後靜置三分鐘，撈出雞蛋放入冷水冷卻後瀝乾即成班尼迪克蛋。
2. 葡萄乾吐司切片，放入烤麵包機約一分半鐘把兩面烤至金黃後裝盤。
3. 煎鍋放油開中小火，放入培根生五花肉片煎至金黃後撒少許胡椒碎，取出放在烤麵包片上。
4. 把煮好的班尼迪克蛋放在煎好的培根上，中間切開撒上少許海鹽、黑胡椒碎、小蔥碎和新鮮的茨歐鼠尾草花朵。
5. 喜歡像三明治吃法的，把另一片烤好的吐司夾著一起吃。

食材

- 雞蛋
- 葡萄乾吐司麵包
- 培根五花肉片
- 小蔥
- 茨歐鼠尾草花

調料

- 黑胡椒碎
- 海鹽

05

紫蘇煎蛋配麵包蘋果早餐

1

2

3

4

5

做法

1. 雞蛋加紫蘇花苞、白胡椒粉和海鹽打散調成蛋液。
2. 蘋果洗淨切片後切成長條，放入由冷開水和檸檬汁調成的檸檬水中浸泡五分鐘。
3. 穀物堅果烤麵包和布里白黴乳酪切片。
4. 小煎鍋放油開大火，熱鍋後倒入蛋液，旋轉鍋面使蛋液攤平，表面開始凝固時用鍋鏟從鍋邊往內卷起煎成蛋餅，用鍋鏟從中間切成兩半後取出直接裝盤。
5. 把麵包片放在盤中，放奇亞子苗在麵包片上，接著放布里白黴乳酪，淋上初榨橄欖油並撒上四色胡椒碎。
6. 把泡好的蘋果條撈出放在烤麵包和煎蛋邊上。
7. 配半發酵烏龍茶當早餐食用。

食材

- 雞蛋
- 奇亞子（芡歐鼠尾草）
- 紫蘇
- 穀物堅果烤麵包
- 蘋果
- 檸檬
- 法國布里白黴乳酪

調料

- 初榨橄欖油
- 白胡椒粉
- 四色胡椒碎
- 海鹽

06

蝦皮馬鈴薯蛋餅

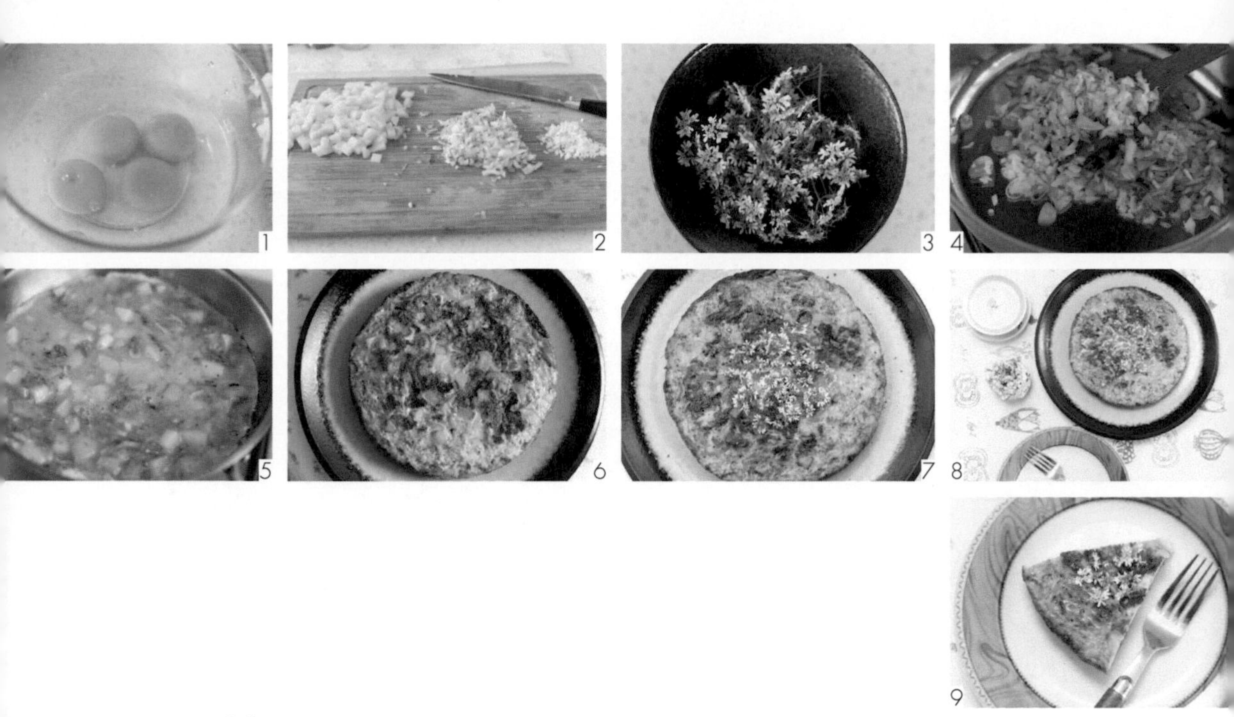

做法

1.馬鈴薯削皮切小丁，大蒜瓣和紫洋蔥去皮切碎，香菜葉切碎，雞蛋去殼後放入大碗打成蛋液。
2.炒鍋放油開中小火，加入櫻花蝦皮炒香後撈出備用，原鍋再加一些橄欖油放入大蒜碎和紫洋蔥碎，炒出香氣出後加入馬鈴薯丁同炒，炒至七分熟時加一些白胡椒粉和海鹽，接著出鍋把所有材料連同事先炒好的蝦皮一起加入蛋液中，再加入少許海鹽和香菜碎稍微攪拌。
3.煎鍋放油開大火，熱鍋後倒入蛋液，三十秒後轉小火續烘煎五分鐘，待蛋液表面凝固時取一大盤蓋住煎鍋，倒扣煎鍋把蛋餅放在盤上，煎鍋再加少許油，把盤上的蛋餅傾斜滑入煎鍋繼續烘煎二分鐘後取出裝盤。
4.裝盤後撒上香菜花並切成扇型小塊，分裝到小盤後即可食用。

食材

- 馬鈴薯
- 雞蛋
- 櫻花蝦皮
- 紫洋蔥
- 大蒜瓣
- 香菜花
- 香菜葉

調料

- 初榨橄欖油
- 白胡椒粉
- 海鹽

07

羅勒煎蛋

做法

1. 紫梗羅勒洗淨後摘取花苞、花朵、嫩葉。
2. 大碗內放入雞蛋、紫梗羅勒花苞和嫩葉、白胡椒粉、海鹽、橄欖油，攪拌均勻成蛋液。
3. 煎鍋放少許油開中大火等熱鍋後倒入蛋液兩面煎熟即取出裝盤。
4. 裝盤後煎蛋上灑滿紫梗羅勒花苞及花朵，盤面邊上也放一些紫梗羅勒裝飾。
5. 食用時切開分食。

食材

- 雞蛋
- 紫梗羅勒

調料

- 海鹽
- 白胡椒粉
- 橄欖油

1

2

3

4

08

九層塔（羅勒）烘蛋

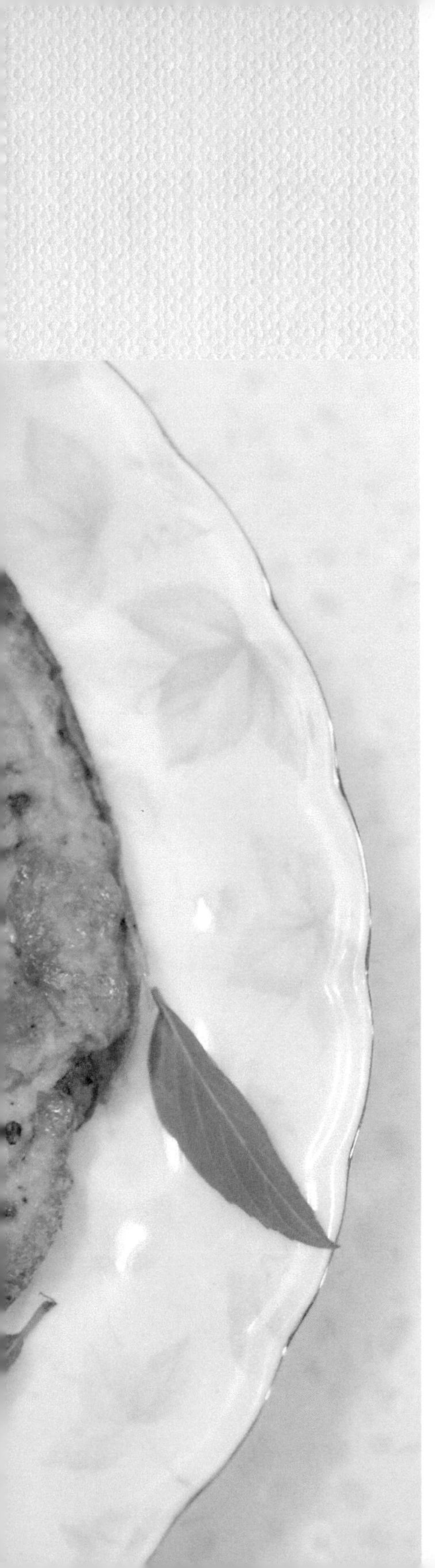

做法

1. 九層塔洗淨甩乾水分。
2. 雞蛋打散於大碗，並混入九層塔，撒一些黑胡椒碎及海鹽並淋上茶籽油拌勻。
3. 小煎鍋放油開中大火，把九層塔蛋液倒入，等鍋底蛋液開始凝固後，拿起小煎鍋緩慢斜繞一圈攤平蛋液。
4. 轉中小火蓋上鍋蓋大約三分鐘後掀蓋確認蛋面整個鼓起。
5. 翻面轉開中火續煎一分鐘至蛋面金黃即可裝盤。
6. 裝盤後撒上新鮮羅勒葉、花苞、花蕊。
7. 最後淋少許芝麻油。

食材

- 九層塔（羅勒）
- 雞蛋

調料

- 黑胡椒碎
- 天然海鹽
- 茶籽油
- 芝麻油

1

2

3

09

小蔥羅勒洋蔥圈煎蛋

做法

1. 蔬菜全部洗淨，小蔥橫向切碎，洋蔥去皮橫向切圈。
2. 雞蛋加小蔥碎和羅勒花蕊，撒一些白胡椒粉和海鹽，打散調成蛋液。
3. 平底鍋放橄欖油開大火，把洋蔥圈攤開平放於鍋底，把蛋液依序注入洋蔥圈裡，待蛋液開始凝固翻面再煎十五秒，馬上取出直接裝盤。
4. 撒一些黑胡椒碎、小蔥碎、羅勒嫩葉和其花蕊，淋少許檸檬橄欖油，趁熱食用。

食材

- 小蔥
- 羅勒嫩葉和花蕊
- 洋蔥
- 雞蛋

調料

- 白胡椒粉
- 海鹽
- 初榨橄欖油
- 黑胡椒碎
- 檸檬橄欖油

10

水波蛋與太陽蛋早餐

做法

1. 煎鍋放油開中火，熱鍋後放入培根煎第一面，第一面酥脆時放入切碎的大蒜拌炒後翻面，待第二面煎好後撒些黑胡椒碎即可出鍋。
2. 湯鍋放水煮滾時轉最小火加入少許白醋，用湯勺攪動鍋水形成一個漩渦，打一顆雞蛋從漩渦中央放進去，三分鐘後用漏勺撈出瀝乾，撒海鹽和黑胡椒碎即做好水波蛋。
3. 煎鍋放油開中大火，熱鍋後打一顆雞蛋，約一分鐘後轉小火蓋鍋燜三十秒，待蛋黃開始凝結時撒海鹽和黑胡椒碎，太陽蛋即可出鍋。
4. 烤好的兩片吐司直接擺盤，其中一片塗上蜂蜜和芥末混合的醬料，放上煎好的培根，依個人喜愛鋪上水波蛋或太陽蛋，再撒些洋蔥絲、大蔥絲和荷蘭芹嫩葉即可。

食材

- 雞蛋
- 培根
- 洋蔥
- 大蔥

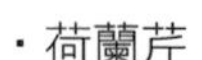

- 荷蘭芹
- 葡萄乾吐司
- 大蒜瓣
- 法國迪戎芥末醬
- 蜂蜜

調料

- 黑胡椒碎
- 海鹽
- 橄欖油

11

卷葉萵苣包蔬菜炒蛋

做法

1. 雞蛋四顆打入一個大碗後打散。
2. 大蒜瓣去皮切片，洋蔥和西芹切小丁，蘆筍切薄片，義式風乾火腿片切小塊。
3. 煎鍋小火熱油後放大蒜片炒香，轉中小火放入洋蔥、西芹、蘆筍炒至熟軟，加黑胡椒碎及海鹽調味，出鍋後直接放入裝雞蛋的大碗，並把炒料和雞蛋及義式風乾火腿片拌勻。
4. 原煎鍋放少許油開中大火，把炒料雞蛋混合液倒入，快速用筷子翻攪，酌量加一點海鹽做最後調味，等雞蛋開始凝固用鍋鏟稍加翻炒，即可出鍋裝盤。
5. 卷葉萵苣一葉一葉洗淨瀝乾，用大湯匙取一勺蔬菜炒蛋置於生菜上。
6. 食用時把生菜捲包蔬菜炒蛋用手拿著吃。

食材

- 雞蛋
- 蘆筍
- 洋蔥
- 西芹
- 大蒜瓣
- 義式風乾火腿片
- 卷葉萵苣

調料

- 海鹽
- 黑胡椒碎
- 橄欖油

1

2

3

12

明蝦烘蛋餅

1

2

3

4

5

6

做法

1. 大明蝦去殼去泥腸，撒黑胡椒碎、海鹽、橄欖油醃製五分鐘。
2. 紫梗羅勒洗淨摘取花苞及嫩葉。
3. 煎鍋放橄欖油兩面煎七分熟醃好的大明蝦，淋一些干邑白蘭地嗆鍋後取出備用。
4. 雞蛋放入大碗打散，加一些海鹽，橄欖油，義大利綜合香料，攪拌成蛋液。
5. 小煎鍋開中火塗上少許油，熱鍋後倒入蛋液，等底部開始凝固時把煎好的大明蝦排好在蛋液上，轉小火蓋上鍋蓋，五分鐘後開蓋確認表面蛋液凝固烘熟，隨即盛出裝盤。
6. 裝盤後在蛋餅及盤面四周撒上紫梗羅勒的花苞及嫩葉。

食材

- 大明蝦
- 雞蛋
- 紫梗羅勒

調料

- 黑胡椒碎
- 海鹽
- 橄欖油
- 乾燥義大利綜合香料
- 法國干邑白蘭地

13

法式香草蛋捲早餐

做法

1. 小炒鍋放油開小火放入洋蔥碎炒香，接著放入蘑菇切片和蘆筍切片同炒，炒約三分鐘加海鹽和黑胡椒碎調味後取出備用。
2. 煎鍋放油開大火，熱鍋時放入加白胡椒粉和海鹽的蛋液，接著鋪上燻鮭魚片、炒料、切碎的紫蘇和羅勒及莫扎瑞拉乳酪絲，蛋液開始凝固時轉開中小火，用鍋鏟從邊沿往內捲成蛋捲即可出鍋裝盤。
3. 烤麵包切片放上苜蓿芽、紫蘇和羅勒嫩葉，接著放上帕瑪火腿切片，淋初榨橄欖油並撒些胡椒碎，然後放在蛋捲旁邊。
4. 在蛋捲上撒一些預留的紫蘇、羅勒、小茴香、莫扎瑞拉乳酪絲和黑胡椒碎。
5. 食用時蛋捲用刀叉切片配烤麵包三明治和咖啡。

食材

- 雞蛋
- 煙燻鮭魚切片
- 莫扎瑞拉乳酪絲
- 紫蘇
- 羅勒
- 小茴香
- 蘆筍
- 蘑菇
- 洋蔥
- 堅果穀物烤麵包
- 苜蓿芽
- 帕瑪火腿切片

調料

- 黑胡椒碎
- 海鹽
- 初榨橄欖油
- 白胡椒粉

14

法式香草歐姆蛋

做法 

1. 薄荷和紫蘇切碎，大蒜瓣和紅蔥頭去皮切碎。
2. 雞蛋去殼放入大碗裡打散，加入牛奶、薄荷碎、紫蘇碎、黑胡椒碎、海鹽和少許初榨橄欖油，把蛋液攪拌均勻後備用。
3. 煎鍋放油開小火把大蒜碎和紅蔥頭碎稍微炒香，轉開大火並倒入蛋液，迅速把煎鍋轉動一圈讓蛋液均勻攤平鍋面，三十秒後轉開中小火續煎二分鐘，當蛋液開始凝固用鍋鏟從煎鍋邊沿往中間捲成蛋捲，確認定型後再靜置半分鐘，用鍋鏟從中間切成兩段並確認煎熟即可裝盤。
4. 裝盤後撒一些香菜或薄荷碎和紫蘇碎，也可以配幾片雜糧麵包和咖啡當早餐。

食材

- 雞蛋四顆
- 薄荷
- 紫蘇
- 紅蔥頭
- 大蒜瓣
- 牛奶
- 雜糧麵包
- 香菜

調料

- 海鹽
- 黑胡椒碎
- 初榨橄欖油

1

2

3

4

15

甜椒圈紫蘇羅勒煎蛋

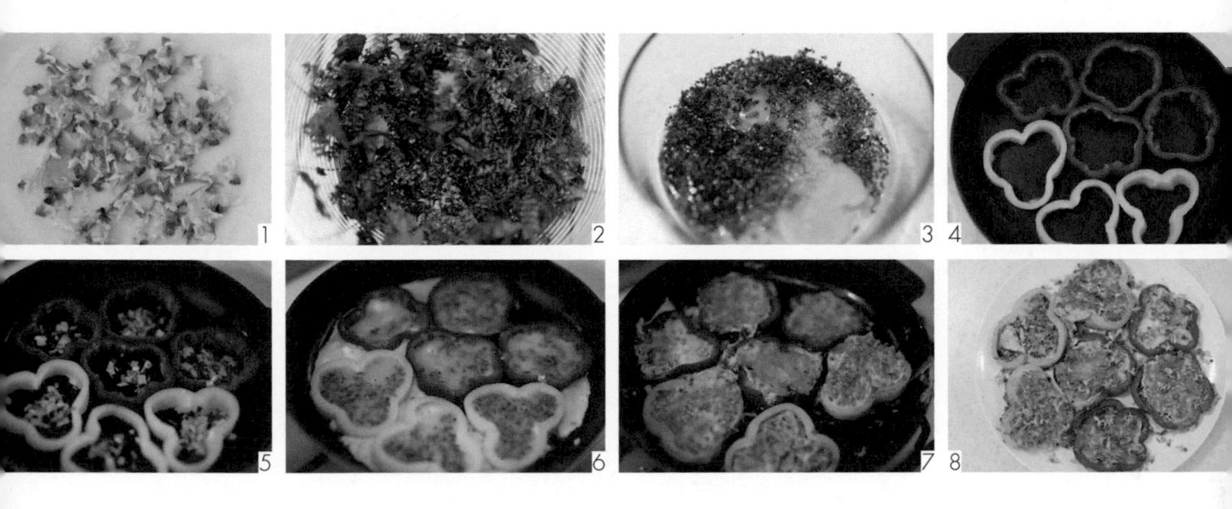

做法

1. 蔬菜全部洗淨瀝乾，紅甜椒和黃甜椒切圈去籽。
2. 洋蔥去皮切碎，小蔥去頭切碎，紫蘇摘取新鮮花苞。
3. 雞蛋加紫蘇花苞、白胡椒粉和海鹽打散調成蛋液。
4. 平底鍋放油開小火，熱鍋時放入紅黃二色甜椒圈，在每個甜椒圈內放些洋蔥碎和小蔥碎，等香氣出來轉開大火，每個甜椒圈內分別注入蛋液，等蛋液開始凝固迅速翻面並關火，十五秒後取出直接裝盤。
5. 裝盤後撒上新鮮羅勒花蕊並淋少許檸檬橄欖油。

食材

- 雞蛋
- 紅甜椒
- 黃甜椒
- 紫蘇花苞
- 羅勒
- 洋蔥
- 小蔥

調料

- 初榨橄欖油
- 白胡椒粉
- 海鹽
- 檸檬橄欖油

16

提香蔬菜煎蛋

1

2

3

做法

1. 所謂提香蔬菜在西餐中常用的就是洋蔥、胡蘿蔔、西芹。
2. 蔬菜洗淨後瀝乾，洋蔥去皮切碎，胡蘿蔔去皮切細絲，西芹和荷蘭芹切碎。
3. 雞蛋去殼後加少許牛奶、海鹽、黑胡椒碎、橄欖油，用打蛋器打到蛋液微發泡。
4. 煎鍋放油開小火先入洋蔥碎和胡蘿蔔絲炒香，接著放入西芹碎和荷蘭芹碎同炒，加些海鹽和黑胡椒碎調味，轉開大火倒入蛋液，又轉開中小火煎至蛋液表面開始凝固時，取一大平盤蓋住鍋面並倒扣取出蛋餅，傾斜盤面又把蛋餅滑入原煎鍋，再煎一分鐘即可出鍋裝盤。
5. 裝盤後放上新鮮香蜂草，食用時用刀切成扇型分食。

註：雞蛋多寡和煎鍋大小會影響煎蛋厚度和烹煮時間，一般五至六顆成型厚度比較好看。

食材

・雞蛋
・胡蘿蔔
・洋蔥
・西芹
・荷蘭芹
・香蜂草

調料

・黑胡椒碎
・海鹽
・初榨橄欖油
・牛奶

17

綠櫛瓜雞蛋煎餅

做法

1. 綠櫛瓜刨細絲，大蔥切細絲，放在一大碗裡，打一顆雞蛋，放高筋麵粉、蝦皮、海鹽、白胡椒粉、芝麻香油，加少許冷水把食材拌勻（綠櫛瓜會出水，冷水要減量）。
2. 煎鍋裡放花生油以小火加熱，放入雞蛋面糊後快速旋轉煎鍋或用鍋鏟把面糊攤平。
3. 煎至上表面凝固，下表面成金黃色時翻面，把另一面煎熟也成金黃色。
4. 用鍋鏟取出後放在粘板上待稍涼後切成八等份。
5. 裝盤後放香菜裝飾。

食材

- 綠櫛瓜（西葫蘆）
- 蝦皮
- 大蔥
- 高筋麵粉
- 雞蛋
- 香菜

調料

- 白胡椒粉
- 海鹽
- 花生油
- 芝麻香油

18

蔥圈沙拉米煎蛋

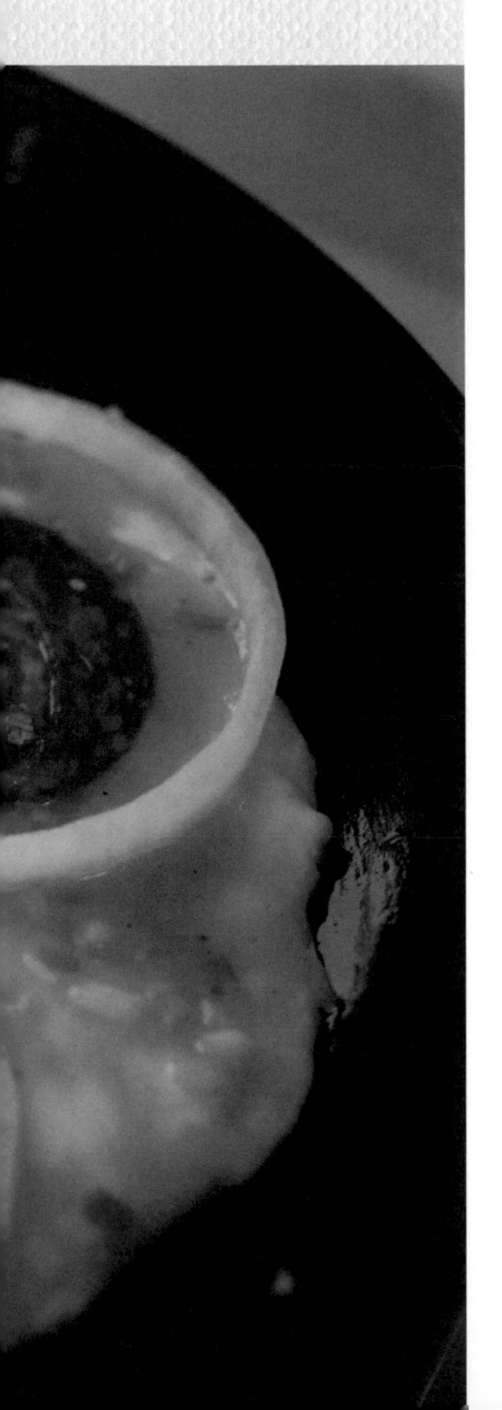

做法

1. 洋蔥去皮切圈，雞蛋打散加少許白胡椒粉和海鹽拌勻，小蔥切碎。
2. 煎鍋放油開大火熱鍋，放入洋蔥圈攤開擺好，調好的雞蛋液倒入洋蔥圈裡，沙拉米按洋蔥圈一對一貼在蛋液上，撒上少許小蔥末後轉中小火。
3. 等蛋液開始凝固後翻面再煎十五秒即可取出裝盤，最後撒一些黑胡椒碎。
4. 可以單吃也可當成漢堡或三明治的夾心材料，用來當早餐的配料也是一種選擇。

食材

- 洋蔥
- 沙拉米（義式風乾豬肉腸）
- 雞蛋
- 小蔥

調料

- 黑胡椒碎
- 白胡椒粉
- 橄欖油
- 海鹽

19

豌豆馬鈴薯蛋餅

1

2

3

4

5

6

7

做法

1. 馬鈴薯削皮切小丁，大蒜瓣、紅蔥頭和紫洋蔥去皮切碎，豌豆仁洗淨瀝乾，雞蛋去殼放入大碗打成蛋液。
2. 炒鍋放油開中小火，加入櫻花蝦皮炒香後撈出備用，原鍋再加一些橄欖油放入大蒜碎、紅蔥頭碎和紫洋蔥碎，炒出香氣後加入馬鈴薯丁和豌豆同炒，炒至七分熟時加一些黑胡椒碎和海鹽，接著出鍋把所有材料連同事先炒好的蝦皮一起加入蛋液中，再加入少許海鹽攪拌。
3. 小煎鍋放油開大火，熱鍋後倒入蛋液，三十秒後轉小火續烘煎五分鐘，待蛋液表面凝固時取一大盤蓋住煎鍋，倒扣煎鍋把蛋餅放在盤上，煎鍋再加少許油，把盤上的蛋餅傾斜滑入煎鍋繼續烘煎二分鐘後取出裝盤。
4. 裝盤後撒上香菜花並切成扇型小塊，分裝到小盤後即可食用，做為早餐或下午茶點心也可。

食材

- 馬鈴薯
- 雞蛋
- 櫻花蝦皮
- 紫洋蔥

- 紅蔥頭
- 大蒜瓣
- 香菜花
- 豌豆

調料

- 初榨橄欖油
- 黑胡椒碎
- 海鹽

20

燻鮭魚煎蛋與三明治

做法 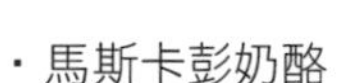

1. 雞蛋打散至微發泡加海鹽和白胡椒粉拌勻，小番茄縱向切對半，洋蔥略切，大蒜瓣和蒔蘿切碎，燻鮭魚片切小塊。
2. 小煎鍋開中小火放油爆香大蒜碎和洋蔥丁，放入小番茄和蒔蘿炒二分鐘，倒入蛋液後把燻鮭魚片貼在上面，蓋鍋燜四分鐘後打開鍋蓋並撒黑胡椒碎後離火。
3. 麵包切片後塗馬斯卡彭奶酪，放上香菜苗和羅勒苗，再鋪上布里乳酪和伊比利亞火腿片，淋上初榨橄欖油並撒上黑胡椒碎和蒔蘿嫩葉。
4. 自製原味酸奶裝碗，淋上蜂蜜和山楂醬再撒薄荷葉。
5. 把燻鮭魚煎蛋，三明治和酸奶全部上桌再配上現磨咖啡，可以開始享用早餐了。

食材

- 煙燻鮭魚
- 小番茄
- 洋蔥
- 蒔蘿
- 大蒜瓣
- 雞蛋
- 堅果果脯烤麵包
- 馬斯卡彭奶酪
- 布里乳酪
- 伊比利亞火腿切片
- 香菜苗
- 羅勒苗
- 自製原味酸奶
- 薄荷
- 蜂蜜
- 自製山渣醬

調料

- 初榨橄欖油
- 黑胡椒碎
- 海鹽
- 白胡椒粉

21

蘆筍歐姆蛋

做法 

1. 蔬菜全部洗淨瀝乾，蘆筍切小珠，蘑菇切薄片，大蒜瓣去皮切碎末，紅蔥頭切細絲。
2. 煎鍋放橄欖油開小火先把大蒜末和紅蔥頭絲炒出香氣，然後加入黑胡椒碎及義大利綜合香草碎同炒，接著轉中火放入蘑菇片及蘆筍珠炒熟，加一些海鹽調味後備用。
3. 雞蛋打散加少許海鹽及橄欖油拌勻調成蛋液。
4. 小煎鍋開中火放少許橄欖油，熱鍋後倒入蛋液，等蛋液底部已凝固表面尚未凝固時，把之前的炒料放在蛋液中間，轉小火開始用鍋鏟從鍋沿底部往中間翻捲，把整張厚蛋餅捲成蛋捲似的，只要蛋液凝固熟了就出鍋。
5. 把蛋捲切厚片裝盤，以檸檬羅勒裝飾盤面四周。

食材

- 雞蛋
- 蘆筍
- 蘑菇
- 大蒜
- 紅蔥頭
- 檸檬羅勒

調料

- 黑胡椒碎
- 海鹽
- 乾燥義大利綜合香草碎

1

2

3

4

22

蘆筍歐姆蛋配馬鈴薯沙拉

做法

1. 蔬菜全部洗淨，馬鈴薯、胡蘿蔔、洋蔥去皮切小丁，荷蘭芹切碎。
2. 湯鍋加水煮滾後放入一小撮鹽，放入胡蘿蔔丁及馬鈴薯丁，十分鐘後放入蘆筍、豌豆，再四分鐘後把食材全部撈出，蘆筍除頭部以外全部切細片。
3. 取一大碗放入馬鈴薯丁、胡蘿蔔丁、豌豆，一半的蘆筍細片，加海鹽、黑胡椒碎、檸檬汁、初榨橄欖油，拌勻後撒上蒔羅嫩葉即成馬鈴薯沙拉。
4. 小煎鍋放油開小火把洋蔥小丁炒軟後加一些黑胡椒碎和海鹽，然後取出和另一半蘆筍細片拌成餡料。
5. 原煎鍋放油把打散的蛋液和餡料煎成蘆筍歐姆蛋。
6. 歐姆蛋切兩半裝盤後撒上新鮮荷蘭芹碎，旁邊再裝馬鈴薯沙拉，把預留的蘆筍頭擺上當裝飾。

食材

- 雞蛋
- 蘆筍
- 洋蔥
- 馬鈴薯
- 胡蘿蔔

- 豌豆
- 蒔羅
- 荷蘭芹
- 檸檬

調料

- 海鹽
- 黑胡椒碎
- 橄欖油

23

羅勒蔬菜煎蛋

1

2

3

4

做法

1. 蘑菇擦拭乾淨其餘蔬菜全部洗淨瀝乾，蘑菇切薄片，大蒜瓣去皮切碎，洋蔥切碎，青椒切細段，小番茄縱向切對半。
2. 先準備炒料，炒鍋放油開中小火，放入大蒜碎和洋蔥碎炒香後放入青椒、蘑菇、豌豆和小番茄炒至六七成熟，加黑胡椒碎和海鹽調料後盛出備用。
3. 小煎鍋放油開大火，等熱鍋後倒入四顆打散的蛋液，把炒料放入蛋液上面攤平，撒少許海鹽，轉開中小火蓋上鍋蓋，五分鐘後觀察蛋液表面若開始凝固即刻關火開蓋，最後撒上新鮮羅勒花調味並當裝飾。
4. 直接用小煎鍋上桌，用牛排刀切成扇形六等分，用小鍋鏟鏟出裝盤分食。
5. 加三明治和咖啡一起當早餐。

食材

- 蘑菇
- 青椒
- 小番茄
- 豌豆
- 大蒜瓣
- 洋蔥
- 雞蛋
- 羅勒花

調料

- 黑胡椒
- 海鹽
- 初榨橄欖油

24

西班牙經典馬鈴薯蛋餅

做法

1. 馬鈴薯削皮切小丁，大蒜瓣、紅蔥頭和洋蔥去皮切碎，雞蛋去殼放入大碗打成蛋液。
2. 炒鍋放油開中小火，加一些橄欖油，放入大蒜碎、紅蔥頭和洋蔥碎，炒出香氣後加入馬鈴薯丁同炒，炒至七分熟時加一些黑胡椒碎和海鹽，接著出鍋把所有炒料加入用大碗盛著的蛋液中，再加入少許海鹽一起攪拌均勻。
3. 小煎鍋放油開大火，熱鍋後倒入馬鈴薯蛋液，三十秒後轉小火續烘煎五分鐘，待蛋液表面凝固時取一大盤蓋住煎鍋，倒扣煎鍋把蛋餅放在盤上，煎鍋再加少許油，把盤上的蛋餅傾斜滑入煎鍋繼續烘煎二分鐘後取出裝盤。
4. 裝盤後撒上荷蘭芹碎並切成扇型小塊，分裝到小盤後即可食用，做為早餐或下午茶點心也可。

食材

- 雞蛋
- 馬鈴薯
- 洋蔥
- 大蒜瓣
- 紅蔥頭
- 荷蘭芹

調料

- 初榨橄欖油
- 黑胡椒碎
- 海鹽

1

2

3

25

太陽煎蛋與水果沙拉早餐

做法

1. 香草苗、蔬菜苗和水果全部洗淨甩乾殘水，蘋果切小丁後用檸檬水泡五分鐘，石榴取內部果實，小葡萄去梗去蒂，香草苗和蔬菜苗切除根部，穀物麵包切片。
2. 麵包片先塗馬斯卡彭奶酪，鋪上香草苗或蔬菜苗，接著放上伊比利亞火腿切片，淋少許檸檬橄欖油並撒上黑胡椒碎。
3. 鮮奶油加檸檬汁和蜂蜜用電動攪拌器打成醬汁，蘋果、葡萄和石榴混合裝入沙拉碗，淋上醬汁並撒上新鮮薄荷葉和莢歐鼠尾草花朵。
4. 煎鍋放橄欖油開大火打入雞蛋煎一分鐘，蓋鍋關火續燜一分鐘後取出和麵包一起裝盤，在太陽蛋上撒上岩鹽、黑胡椒碎、小蔥碎和莢歐鼠尾草花朵。
5. 上桌後配上現磨咖啡，舉杯互道一聲早安。

食材

- 雞蛋
- 小蔥
- 莢歐鼠尾草花朵
- 香菜苗
- 卷心萵苣苗
- 伊比利亞火腿
- 無籽小葡萄
- 蘋果
- 石榴
- 薄荷
- 檸檬
- 蜂蜜
- 羅勒苗
- 淡奶油（鮮奶油）
- 馬斯卡彭奶酪
- 葡萄核桃穀物麵包

調料

- 初榨橄欖油
- 黑胡椒碎
- 岩鹽
- 檸檬橄欖油

KRISTAL
EXTRA VIRGIN OLIVE OIL
BERINGER
WHITE ZINFANDEL

CHAPTER 2

三明治／麵包／餅類

01

羅勒火腿開放式三明治

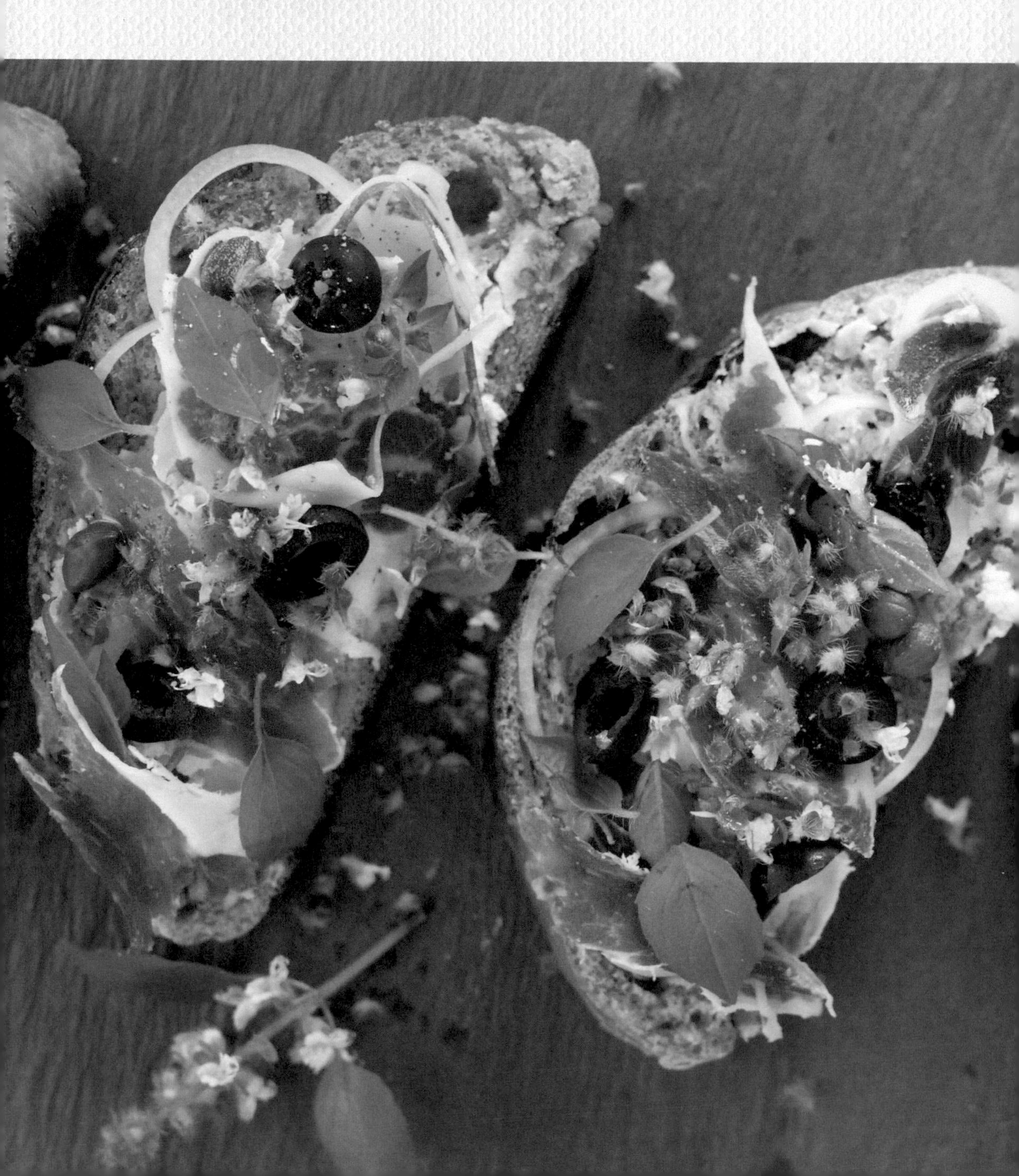

做法

1. 單瓣紅蔥頭去皮橫向切薄圈，把紅蔥頭圈一一分散取出備用，無核黑橄欖橫向切薄圈，依比利亞火腿切片用手撕成小片。
2. 烤過的葡萄乾核桃雜糧麵包切片，每片單面塗上馬斯卡彭奶酪，奶酪面朝上把麵包片平放於石板上。
3. 每片麵包鋪上紅蔥頭圈、黑橄欖圈和酸豆，接著放上依比利亞火腿並撒上檸檬羅勒的嫩葉和花朵，最後撒上黑胡椒碎並淋少許檸檬橄欖油。
4. 食用時配咖啡當早餐或下午茶點心。

食材

- 葡萄乾核桃雜糧麵包
- 依比利亞火腿切片
- 檸檬羅勒
- 單瓣紅蔥頭
- 醃漬無核黑橄欖
- 醃漬酸豆（續隨子）
- 馬斯卡彭奶酪

調料

- 黑胡椒碎
- 檸檬橄欖油

02

三明治＋酸奶＋水果 早餐

1

2

3

4

5

6

7

8

9

做法

1. 酪梨去皮去籽後切碎加海鹽、蜂蜜和檸檬汁搗成泥。
2. 麵包切片塗上馬斯卡彭奶酪和酪梨泥，鋪上洋蔥絲和燻鮭魚片，撒上切碎的黑橄欖、切碎的小蔥頭和黑胡椒碎，淋上檸檬橄欖油並撒羅勒花朵當裝飾。
3. 自製原味酸奶裝碗，先都淋上蜂蜜再個別淋上梅子醬或自製柿子醬，最後撒上新鮮薄荷嫩葉。
4. 無籽小橘子去皮後橫向切兩半，斷面朝上平放於果盤，淋上蜂蜜並撒上岩鹽，最後撒芡歐鼠尾草花朵當裝飾。
5. 把所有食材上桌再配上現磨咖啡便是一分非常均衡的營養早餐。

食材

- 自製堅果穀物歐風麵包
- 自製原味酸奶
- 煙燻鮭魚切片
- 酪梨
- 檸檬
- 蜂蜜
- 醃漬黑橄欖
- 醃漬小蔥頭
- 馬斯卡彭奶酪
- 洋蔥
- 羅勒
- 芡歐鼠尾草
- 無籽小橘子
- 柿子
- 薄荷
- 梅子醬

調料

- 海鹽
- 檸檬橄欖油

03

鱈魚鬆開放式三明治

做法

1. 把葡萄乾核桃穀物麵包烤到酥脆後取出，放涼後切厚片，杏仁碎用小煎鍋烤至金黃。
2. 每片麵包塗上馬斯卡彭奶酪後平放於木盤上，鋪上鱈魚鬆、香菜苗和小茴香嫩葉。
3. 最後撒上烤好的杏仁碎和小雛菊花瓣並淋上少許檸檬橄欖油。
4. 配上咖啡或紅茶當早餐或下午茶點心。

食材

- 葡萄乾核桃穀物麵包
- 鱈魚鬆（狗母魚鬆）
- 馬斯卡彭奶酪
- 香菜苗
- 小茴香
- 小雛菊
- 杏仁碎

調料

- 檸檬橄欖油

1

2

3

04

香草火腿乾酪三明治

1

2

3

4

5

6

7

做法

1. 綜合香草、卷葉萵苣和苜蓿芽洗淨後甩乾殘水。
2. 葡萄歐風麵包切片平放於木盤上，每片麵包任意放上綜合香草、卷葉萵苣或苜蓿芽，接著放上伊比利亞火腿切片，淋上少許檸檬橄欖油，刨一些帕瑪森乾酪絲上去，最後撒四色胡椒碎和新鮮的芡歐鼠尾草花朵。
3. 配現磨咖啡當早餐或當下午茶點心。

食材

- 葡萄歐風麵包
- 卷葉萵苣苗
- 小茴香苗
- 苜蓿芽
- 香菜苗
- 羅勒苗
- 薄荷
- 西班牙伊比利亞火腿
- 帕瑪森乾酪
- 芡歐鼠尾草苗
- 芡歐鼠尾草花朵

調料

- 檸檬橄欖油
- 四色胡椒碎

05

班尼迪克蛋三明治

1

2

3

4

做法

1. 紫蘇和薄荷洗淨甩乾殘水，薄荷嫩葉部分切碎。
2. 杏仁碎粒和南瓜子用小煎鍋開小火煎烤至焦黃備用。
3. 紫蘇、薄荷、茉莉花散置沙拉盤裡，撒上烤好的杏仁碎粒和南瓜子以及黑胡椒碎和岩鹽，淋上由巴沙米可醋、蜂蜜、初榨橄欖油、胡椒碎調和而成的醬汁。
4. 把迪戎顆粒芥末醬、蜂蜜、奶油奶酪、切碎的酸豆放入醬料碗裡攪拌調成吐司塗醬，把塗醬塗在已烤至焦黃的兩片吐司的單面。
5. 湯鍋燒開熱水後加一些白醋並轉小火，用勺子攪動開水形成漩渦，雞蛋開殼後蛋液由漩渦中心放入，關火靜置三分鐘後撈出雞蛋，置於冷水冷卻，瀝乾殘水備用。
6. 吐司麵包塗醬面放上紫蘇及班尼迪克蛋並撒上切碎的薄荷、海鹽、胡椒碎，把另一片吐司麵包合上食用。

食材

- 雞蛋
- 吐司麵包
- 紫蘇
- 薄荷
- 茉莉花
- 酸豆（續隨子）
- 法式迪戎顆粒芥末醬
- 蜂蜜
- 奶油奶酪

調料

- 初榨橄欖油
- 胡椒碎
- 巴沙米可醋
- 杏仁碎粒
- 南瓜子

06

班尼迪克蛋火腿三明治

做法

1. 湯鍋放水開大火煮滾後加入白醋，關火並用勺子攪動開水形成漩渦，去殼的蛋液從漩渦中間放入後靜置三分鐘，撈出雞蛋放入冷水冷卻後瀝乾即成班尼迪克蛋。
2. 兩片吐司麵包烤至兩面焦黃，其中一片向上面塗上由法式迪戎芥末醬、蜂蜜、奶油奶酪、切碎的酸豆混合調成的麵包塗醬，接著放上紫蘇葉、義大利風乾火腿片及班尼迪克蛋，撒上海鹽、黑胡椒碎和切碎的薄荷嫩葉，最後刨一些帕瑪森乾酪絲在最上面。
3. 食用時把另一片吐司麵包合上。

食材

- 雞蛋
- 義大利風乾火腿切片
- 吐司麵包
- 紫蘇
- 薄荷
- 酸豆（續隨子）
- 帕瑪森乾酪

調料

- 法式廸戎芥末醬
- 蜂蜜
- 奶油奶酪
- 海鹽
- 黑胡椒碎

1

2

3

07

羅勒酪梨旗魚脯三明治

1

2

3

4

5

6

7

做法

1. 葡萄堅果雜糧麵包切片，酪梨去皮去籽切碎，檸檬擠汁。
2. 切碎的酪梨加檸檬汁、海鹽、黑胡椒碎、蜂蜜和馬斯卡彭奶酪用力攪拌調成酪梨醬。
3. 切好的麵包片平放木盤上，每片塗上酪梨醬並撒上旗魚脯，再撒上檸檬羅勒的嫩葉和花朵即可。
4. 配咖啡當早餐或下午茶點心皆可。

食材

- 葡萄堅果雜糧麵包
- 酪梨（牛油果）
- 旗魚脯
- 檸檬羅勒
- 檸檬
- 馬斯卡彭奶酪

調料

- 海鹽
- 蜂蜜
- 黑胡椒碎

08

煙燻鱒魚開放式三明治

做法

1. 酪梨去皮去籽後切薄片，紫洋蔥和白洋蔥去皮切絲，檸檬橫向切對半。
2. 歐風鄉村麵包切片平鋪於木盤上，每片塗上馬斯卡彭奶酪，放上酪梨切片後再放上燻鱒魚切片，然後鋪上白洋蔥絲和紫洋蔥絲。
3. 撒上酸豆和蒔蘿嫩葉，每份擠幾滴檸檬汁上去，撒上黑胡椒碎和少許岩鹽並淋一些初榨橄欖油，最後撒一些芡歐鼠尾草花朵當裝飾。
4. 可以配咖啡當下午茶點心或是配一些生菜沙拉當早餐。

食材

- 煙燻鱒魚切片
- 歐風鄉村麵包
- 馬斯卡彭奶酪
- 酪梨（牛油果）
- 蒔蘿
- 酸豆（續隨子花苞）
- 檸檬
- 芡歐鼠尾草花朵

調料

- 岩鹽
- 黑胡椒碎
- 初榨橄欖油

1

2

3

4

09

隨意香草三明治

做法

1. 綜合香草苗洗淨甩乾殘水。
2. 穀物堅果果脯面包切片放平放木盤，每片麵包各抓一把綜合香草鋪在上面，放一片布里白黴乳酪和手撕伊比利亞火腿切片。
3. 淋初榨橄欖油並撒黑胡椒碎，最後撒上檸檬羅勒花朵和薄荷葉當裝飾。
4. 配咖啡和酸奶當早餐或當下午茶點心也可以。

食材

- 穀物堅果果脯麵包
- 布里白黴乳酪
- 伊比利亞火腿切片
- 羅勒苗
- 檸檬羅勒花朵
- 香菜苗
- 芡歐鼠尾草苗
- 蘿蔔苗
- 薄荷

調料

- 初榨橄欖油
- 黑胡椒碎

10

燻鮭魚杏仁片三明治

1

2

3

4

5

做法

1. 蘿蔔苗和香菜苗洗淨甩乾殘水，加初榨橄欖油、海鹽和黑胡椒碎稍微拌一下，洋蔥去皮切絲。
2. 吐司烤約二分鐘變成焦黃後取出切成三角形，杏仁片用小煎鍋烤成焦黃。
3. 吐司平放于木盤上，每片塗上馬斯卡彭奶酪後把拌好的蘿蔔苗和香菜苗鋪上，放洋蔥絲和煙燻鮭魚片，擠幾滴檸檬在每片鮭魚上，撒上烤好的杏仁片和黑胡椒碎，淋一些初榨橄欖油，再撒上新鮮小茴香的嫩葉和花朵。
4. 把木盤直接端上桌，配咖啡、沙拉和酸奶當早餐，也可以單獨做下午茶點心用。

食材

- 吐司
- 煙燻鮭魚
- 紫洋蔥
- 蘿蔔苗
- 香菜苗
- 小茴香
- 馬斯卡彭奶酪
- 杏仁片
- 檸檬

調料

- 初榨橄欖油
- 海鹽

11

羅勒與紫蘇開放式三明治

1 2 3 4 5 6 7 8 9

做法

1. 紫蘇、檸檬羅勒、卷葉萵苣和苜蓿芽洗淨後甩乾殘水。
2. 南瓜子葡萄奶油麵包切片，卡門貝爾乳酪切薄片。
3. 把麵包切片平鋪木盤上，在麵包上任意鋪上苜蓿芽、卷心萵苣、紫蘇，再鋪上帕瑪火腿切片和卡門貝爾乳酪切片，淋上初榨橄欖油，最後撒上四色胡椒碎和檸檬羅勒。
4. 配上咖啡當早餐或下午茶點心。

註：乳酪與火腿皆俱鹹味，不需再加鹽調味。

食材

- 南瓜子葡萄奶油麵包
- 法國卡門貝爾乳酪
- 義大利帕瑪火腿切片
- 檸檬羅勒
- 紫蘇
- 卷葉萵苣
- 苜蓿芽

調料

- 初榨橄欖油
- 四色胡椒碎

12

無花果乳酪香草吐司

1

2

3

4

5

做法

1. 咖啡濾紙先用開水淋過後倒掉殘水，放入現磨咖啡粉後淋上開水讓咖啡慢慢滴入壺裡。
2. 吐司麵包切片後放入烤吐司機烤一分鐘後取出。
3. 無花果洗淨切小塊然後去皮只留果肉。
4. 各種香草和喬麥苗切掉根部後洗淨並甩乾殘水。
5. 卡門貝爾乳酪切薄片。
5. 吐司放盤底，把綜合香草和喬麥苗放第一層，接著放卡門貝爾乳酪和無花果，淋少許檸檬橄欖油並撒上黑胡椒碎和羅勒花苞和花蕊。
6. 配現沖的咖啡當早餐。

食材

- 吐司麵包
- 無花果
- 羅勒苗
- 香菜苗
- 小茴香苗
- 蕎麥苗
- 羅勒花苞和花蕊
- 法國卡門貝爾乳酪

調料

- 檸檬橄欖油
- 黑胡椒碎

13

柿子醬優格配烤吐司

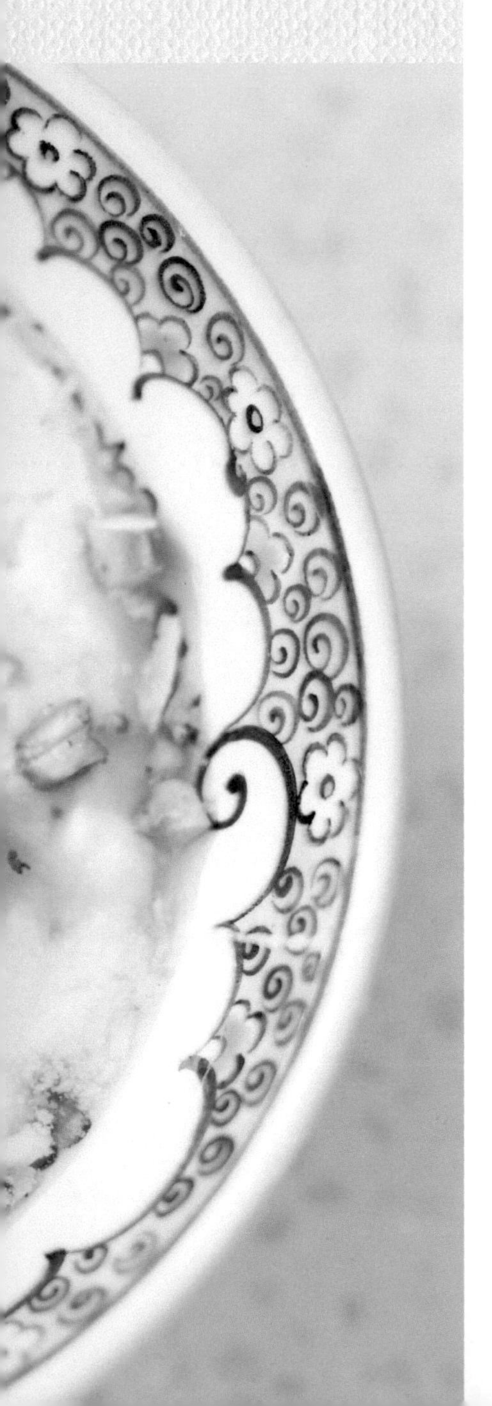

做法

1. 柿子放到完全熟透非常柔軟，去皮取果醬般的果肉。
2. 烤熟的開心果剝殼去膜用刀切碎。
3. 原味優格裝入沙拉碗，放入柿子果肉並淋蜂蜜桂花醬，撒上開心果碎粒並放上小茴香苗當裝飾。
4. 烤吐司切片後放上柿子果肉並淋蜂蜜桂花醬，撒幾片新鮮薄荷葉當裝飾。
5. 食用時把優格拌勻配上柿子醬烤吐司一起食用。

註：市售的柿子買回後放個幾天讓其完全熟透，用手測試感覺非常柔軟時去皮取果肉，不用額外加工，這就是一種天然果醬。

食材

- 柿子
- 蜂蜜桂花醬
- 開心果
- 原味優格（酸奶）
- 小茴香
- 薄荷

1

2

3

14

堅果香草柿子醬烤吐司

1 2 3 4 5 6

做法

1. 柿子放到完全熟透去皮取果肉即是天然的柿子果醬。
2. 麵包吐司切片後入烤吐司機烤一分鐘，取出切對半。
3. 杏仁片、松子、去皮榛果用小煎鍋烤至金黃。
4. 把吐司片擺在長盤裡，每片先塗蜂蜜桂花醬再塗柿子醬，撒上烤好的綜合堅果再撒上新鮮薄荷葉和紫蘇花。
5. 自製原味優格裝沙拉碗，淋上蜂蜜桂花醬後再淋柿子醬，撒上切碎的開心果並放小茴香即製成蜂蜜桂花柿子醬優格。
6. 吃蜂蜜桂花柿子醬優格配堅果香草柿子醬烤吐司，再來一杯現磨咖啡當成假日悠閒早午餐，輕鬆而愜意。

註：自製蜂蜜桂花醬請參考P193蜂蜜桂花醬作法。

食材

- 柿子
- 薄荷
- 紫蘇花
- 杏仁片
- 松子
- 榛果
- 開心果
- 小茴香

調料

- 蜂蜜桂花醬

15

草莓奶油水果普切塔

做法

1. 水果全部洗淨，奇異果削皮後切小塊，金桔切小瓣後再切對半，草莓去蒂後縱向切四瓣，如此綜合水果切塊就準備完成。
2. 另切一些草莓加白砂糖和檸檬汁，放入小鍋中開大火煮開，轉開小火熬煮五分鐘後放涼，即做成草莓醬。
3. 放大約50CC鮮奶油於沙拉碗裡，用電動攪拌器打到鮮奶油凝結成濃稠狀。
4. 取一大碗放入馬斯卡彭奶酪，加些白砂糖攪拌均勻，分次把打好的凝結奶油加入拌勻，最後加入放涼的草莓醬拌勻，如此即調好草莓奶油醬。
5. 把綜合水果切塊鋪在烤至焦黃的吐司上，舀一大勺草莓奶油醬上去，撒上烤香的杏仁片和新鮮薄荷嫩葉。
6. 配咖啡當早餐或下午茶點心。

食材

- 草莓
- 金桔
- 奇異果
- 杏仁片
- 薄荷
- 鮮奶油
- 馬斯卡彭奶酪
- 檸檬
- 白砂糖
- 白吐司

16

香草火腿麵包片早餐

1

2

3

4

5

6

做法

1. 雜糧堅果烤麵包切片平鋪於木板上，把苜蓿芽、紫蘇葉或薄荷葉放在麵包片上，再放上帕瑪火腿片及卡門貝爾乳酪切片，淋少許初榨橄欖油並撒上四色胡椒碎和小茴香和茉莉花瓣。
2. 用手拿著食用，配咖啡和藍莓醬酸奶當早餐。

食材

- 雜糧堅果烤麵包
- 帕瑪火腿片
- 苜蓿芽
- 紫蘇
- 薄荷
- 小茴香
- 茉莉花
- 法國卡門貝爾乳酪

調料

- 初榨橄欖油
- 四色胡椒碎

17

火腿苜蓿芽麵包片

做法

1. 葡萄核桃麵包做法：大鉢裡加一些微温水，撒一些酵母靜置一分鐘後，放入糖、鹽、葡萄乾、核桃碎、橄欖油、高筋麵粉，攪拌均勻並揉成一個麵團，封蓋靜置四十五分鐘等漲成兩倍大後，把麵團輕輕刮起稍加整形並擠出多餘的空氣，然後放在烤盤用保鮮膜覆蓋又靜置四十五分鐘，拿掉保鮮膜，接著送入用兩百度已預烤十五分鐘的烤箱續烤二十分鐘，然後出爐移至網架放涼備用。
2. 葡萄核桃烤麵包切片，每片麵包鋪上洗好的苜蓿芽和義大利風乾火腿片，然後疊上瑞士乾乳酪片。
3. 撒一些新鮮羅勒嫩葉、黑胡椒碎及乾辣椒碎。
4. 最後淋初榨橄欖油。

食材

- 葡萄核桃烤麵包
- 苜蓿芽
- 瑞士乾乳酪
- 羅勒

調料

- 初榨橄欖油
- 黑胡椒碎
- 乾辣椒碎

1

2

3

4

18

烏魚子配烤麵包片

做法 

1. 烏魚子淋一些金門高粱酒醃製五分鐘，煎鍋不放油開小火把醃過的烏魚子放入兩面煎烤，期間不時淋少許醃製剩下的高粱酒並翻面，這樣總共煎烤六分鐘，只要烏魚子表面開始起泡，用手壓一壓感覺燙手並俱有彈性，就馬上出鍋放涼並切薄片。
2. 蔬菜洗淨，胡蘿蔔削皮後刨細絲，青蒜把頭和莖部分分別切薄片。
3. 五穀雜糧果脯烤麵包切片後擺木盤，每片麵包上放胡蘿蔔絲、烏魚子片、青蒜切片，淋少許茶籽油，擺上香菜花當裝飾。
4. 當小酒館點心或正餐的前菜食用。

食材

- 台灣日曬烏魚子
- 五穀雜糧果脯烤麵包
- 胡蘿蔔
- 青蒜
- 香菜花
- 茶籽油
- 58度金門高粱酒

1

2

3

4

5

6

19

苜蓿芽乳酪配麵包早餐

做法

1. 取一大型塑膠盒，上面平鋪一塊浸過水的紗布。
2. 苜蓿芽種子用水洗過後撈出散撒在紗布上。
3. 隔天灑一些過濾水在紗布上保濕，多餘的水要倒掉，不能有浸水現象，如此每天換一次水。
4. 四天後苜蓿芽長成用剪刀剪去根部，莖芽部分用水簡單沖去雜質並甩乾水份備用。
5. 核桃麵包（做法參照核桃麵包早餐）烤好後切片。
6. 白黴乳酪切片撒上黑胡椒碎。
7. 每一片麵包放一些苜蓿芽及白黴乳酪，並淋上少許初榨橄欖油。
8. 再配一杯咖啡就是一頓簡易的舒爽早餐。

食材

- 蘋果核桃麵包
- 苜蓿芽
- 白黴乳酪

調料

- 黑胡椒碎
- 初榨橄欖油

1

2

3

20

今日早餐組合1

1

2

3

4

5

做法

1. 水果和苜蓿芽洗淨瀝乾，水蜜桃去核切薄片和藍莓一起裝在沙拉碗，取一些烤水蜜桃沙巴雍稍微搗爛放在水蜜桃上，撒一些新鮮薄荷葉當裝飾，食用時拌勻即可。
2. 蔓越梅核桃長棍麵包切片，把苜蓿芽鋪在麵包片上，再放一片法國布里乳酪，撒少許四色胡椒碎並淋一些泡乾辣椒初榨橄欖油，用手拿著吃即可。
3. 原味優格裝入沙拉碗，淋上加糖和檸檬熬煮過的藍莓果醬，放一朵新鮮茉莉花上去，食用時拌勻即可。
4. 肯亞咖啡豆磨好放入法式濾壓壺，沖入熱開水蓋上壺蓋，四分鐘後壓下濾網倒入另一咖啡壺或裝入咖啡杯。
5. 今日早餐組合：水蜜桃配沙巴雍醬沙拉，蔓越梅核桃麵包配苜蓿芽布里乳酪、藍莓果醬酸奶、肯亞現磨咖啡。

註：烤水蜜桃沙巴雍請參照P287作法

食材

- 自製蔓越梅核桃長棍麵包
- 自製原味優格（酸奶）
- 自製藍莓果醬
- 自家發芽的苜蓿芽
- 法國布里乳酪
- 薄荷
- 茉莉花
- 肯亞現磨咖啡
- 水蜜桃
- 藍莓

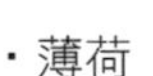

調料

- 烤水蜜桃沙巴雍
- 四色胡椒碎
- 泡乾辣椒初榨橄欖油

21

紫薯麵包早餐1

1

2

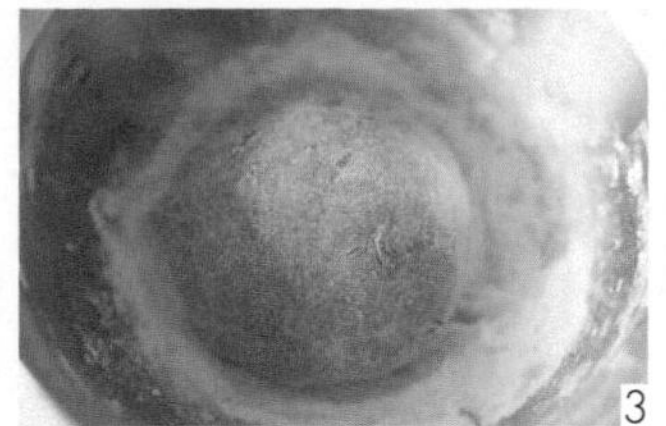
3

4

5

6

7

8

9

10

做法

1. 小型紫薯洗淨放入湯鍋加水煮二十五分鐘，用筷子戳一下確認熟透後撈出去皮，用大叉子搗成泥後備用。
2. 大缽加微溫水放入酵母靜置一分鐘，加入蜂蜜、海鹽、小麥胚芽、杏仁粉、紫薯泥、高筋麵粉，攪拌均勻後揉成麵團靜置發酵四十五分鐘，用刮板把麵團輕輕取出拍去多餘的空氣，稍加整形後置於烤盤上再靜置發酵四十五分鐘，放入用二百度已預烤十五分鐘的烤箱續烤二十分鐘，出爐後置於網架放涼，然後切片裝於木盤上。
3. 鼠尾草、香蜂草、薄荷、苜蓿芽，洗淨後甩乾殘水，法國布里白黴乳酪切片，以上食材散置於木盤上。
4. 食用時每片麵包放上苜蓿芽、香草、白黴乳酪，撒一些四色胡椒碎並淋上初榨橄欖油。
5. 配現磨咖啡當早餐食用。

註：微溫水不要超過46度C

食材

- 紫薯
- 高筋麵粉
- 小麥胚芽
- 杏仁粉
- 苜蓿芽
- 鼠尾草
- 薄荷
- 香蜂草
- 法國布里白黴乳酪

調料

- 海鹽
- 四色胡椒碎
- 初榨橄欖油
- 蜂蜜
- 酵母

22

杏仁蘋果麵包

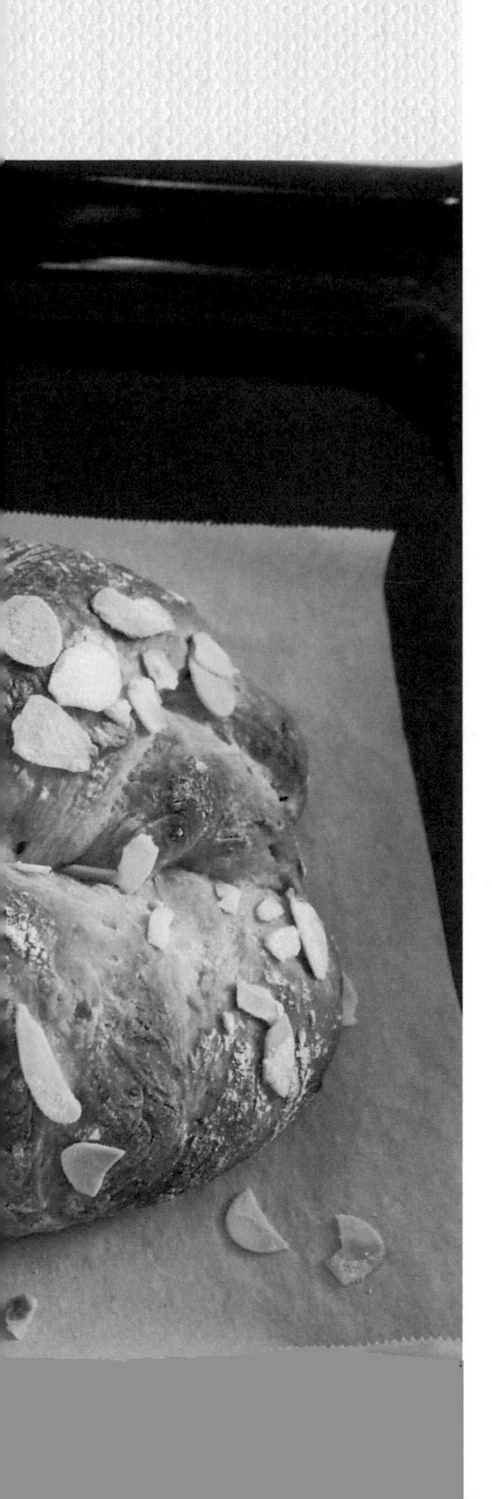

做法

1. 蘋果洗淨削皮去核後切薄片，炒鍋放油開中火放入蘋果片翻炒，蘋果片開始變軟時加入肉桂粉和白砂糖，把蘋果片炒成柔軟的咖啡色餡料即可離火放涼備用。
2. 大缽內放微溫水，加入酵母靜置一分鐘後加一些橄欖油，加入蘋果餡料和海鹽稍加攪拌，續加入高筋麵粉攪拌均勻，把所有材料揉捏成一個圓球，大缽底撒少許麵粉，把面團放上封蓋並矇上一條餐布，讓其靜置發酵四十五分鐘，待麵團漲成兩倍大輕輕取出分成兩份，整形成兩根長條麵團並交叉編織成粗麻繩狀，放在撒有麵粉的烤盤上用布或保鮮膜蓋住繼續二次發酵一小時，撒一些杏仁片和麵粉在麵團表面準備烘烤。
3. 放入用二百度已預熱十五分鐘的烤箱續烤二十分鐘後出爐，移至網架放涼即可食用。

註：微溫水不要超過46度C

食材

- 蘋果
- 杏仁片
- 肉桂粉
- 白砂糖
- 高筋麵粉
- 酵母
- 海鹽
- 初榨橄欖油

1

2

3

23

香蕉無花果麵包

做法

1. 香蕉、無花果打成泥加入酵母粉、鹽、糖、油、水、高筋麵粉和小麥胚芽揉成麵團，置於冰箱冷藏發酵一夜。
2. 自冰箱取出麵團，撒些麵粉整形成球狀後靜置於烤盤四十五分鐘。
3. 放入已用二百度預熱十五分鐘的烤箱續烤二十分鐘後出爐，放涼切片然後裝盤。
4. 白黴乳酪切片擺盤後撒上黑胡椒碎。
5. 最後以薄荷葉裝飾。
6. 食用時在麵包片上放白黴乳酪及薄荷葉並淋上初榨橄欖油。

食材

- 香蕉
- 無花果
- 布里白黴乳酪
- 薄荷
- 高筋麵粉
- 小麥胚芽

調料

- 酵母粉
- 鹽
- 糖
- 初榨橄欖油

24

香草乳酪三明治配酸奶

做法 

1. 烤好的核桃葡萄穀物麵包放涼後切片。
2. 苜蓿芽和三種香草洗淨後甩乾殘水。
3. 卡門貝爾白黴乳酪切片。
4. 把烤麵包片平放於木盤上，先在麵包片上鋪上苜蓿芽再放上卡門貝爾白黴乳酪，接著鋪上香菜苗、小茴香苗和羅勒苗的混合香草，在每片乳酪上淋上檸檬橄欖油並撒上黑胡椒碎。
5. 搭配由原味酸奶、無籽小葡萄和蜂蜜混合而成的蜂蜜葡萄酸奶以及現磨咖啡當早餐。

註：烤麵包的製作方法請參考P111烤麵包章節。

食材

- 核桃葡萄穀物烤面包
- 苜蓿芽
- 香菜苗
- 小茴香苗
- 羅勒苗
- 卡門貝爾白黴乳酪
- 檸檬橄欖油
- 黑胡椒碎
- 原味酸奶
- 無籽小葡萄
- 蜂蜜

1

2

3

25

果脯蜂蜜烤麵包

1 2 3 4

5 6 7

做法

1. 不鏽鋼缽中加一些微溫水（不要高於46度C，那會殺死酵母），加入酵母後靜置一分鐘，陸續加入蜂蜜、葡萄乾、蔓越莓乾、切碎的無花果乾、掰碎的核桃仁、海鹽、初榨橄欖油，稍微攪拌後加入高筋麵粉及全麥麵粉，把全部食材攪拌均勻，用手簡單搓揉把麵團揉成一顆圓球，缽底撒一些麵粉把麵球輕輕放好用鍋蓋或餐布蓋好，靜置四十五分鐘令其自然發酵，等麵球漲成兩倍大時，用飯勺輕輕沿缽緣把麵球鏟出，輕輕拍打把多餘的空氣拍出並稍加整形，放入撒一層薄薄麵粉的烤盤，蓋上餐布再繼續發酵四十五分鐘，拿掉餐布放入用二百度已預烤十五分鐘的烤箱續烤二十分鐘後出爐。
2. 把剛出爐的麵包放在鏤空的烤盤架上放涼後用麵包刀切片，配酪梨、藍紋乳酪及咖啡當早餐。

食材

- 高筋麵粉
- 全麥麵粉
- 蜂蜜
- 葡萄乾
- 蔓越莓乾
- 無花果乾
- 海鹽
- 酵母
- 初榨橄欖油
- 核桃

26

芒果盤與紫薯麵包

做法 

1. 芒果洗淨去皮去籽後切小丁，然後裝於玻璃水果盅裡，上面擺香菜花當裝飾。
2. 搭配紫薯麵包、乳酪、咖啡一起食用。

註：紫薯麵包製作方法請參考P103紫薯麵包章節。

食材

- 芒果
- 香菜花
- 紫薯麵包

27

無花果麵包早餐

1

2

3

4

做法

1. 微溫水放入酵母，靜置一分鐘後，加入白砂糖、海鹽、切碎的無花果乾、核桃、高筋麵粉、橄欖油，以上材料攪拌均勻揉成一個麵團後，用蓋子或保鮮膜封好，令其自然發酵四十五分鐘，待麵團漲到原來兩倍大後取出整形並擠掉多餘的空氣，放到烤盤上用保鮮膜蓋好繼續發酵四十五分鐘後拿掉保鮮膜，放入用兩百度已預烤十五分鐘的烤箱，續烤二十分鐘後出爐放涼切片。
2. 把烤麵包、苜蓿芽、白黴乳酪、硬質乳酪、紫蘇、薄荷擺盤上桌，食用時每片麵包上放苜蓿芽、軟硬兩種乳酪、紫蘇或薄荷，撒一些黑胡椒碎，淋少許初榨橄欖油，用手拿著吃，也可以直接沾蜂蜜吃。
3. 配咖啡和沙拉便是一頓美好的早餐。

註：微溫水不要超過46度C

食材

- 無花果乾
- 核桃
- 苜蓿芽
- 法國白黴軟質乳酪
- 高筋麵粉
- 瑞士硬質乳酪
- 紫蘇
- 薄荷
- 蜂蜜

調料

- 黑胡椒碎
- 初榨橄欖油
- 海鹽
- 白砂糖

28

火山番薯麵包

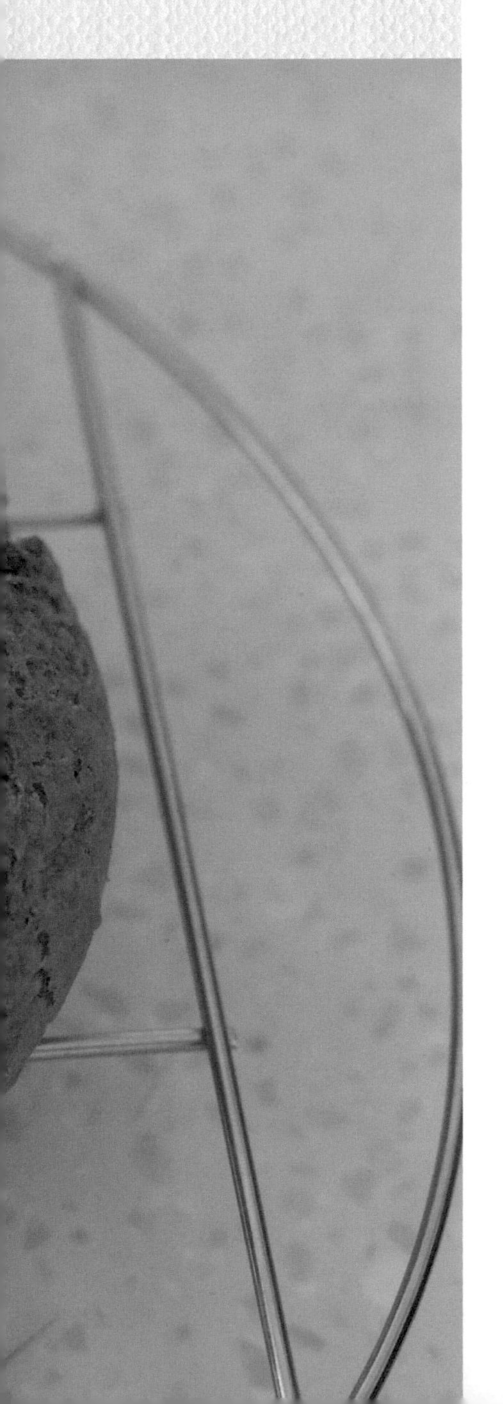

做法 

1. 番薯洗淨放入湯鍋用大火煮四十分鐘，用筷子戳一下確認煮熟撈出，放涼後去皮切小丁備用。
2. 大鉢放水加入酵母靜置五分鐘，加入白砂糖、海鹽、茶籽油、小麥胚芽、燕麥麩、高筋麵粉，用手拌勻後加入番薯小丁揉成麵團。
3. 在大鉢內撒一些麵粉，把麵團輕輕放在中央並且加蓋，放入冰箱冷藏發酵一夜，隔天拿出後用塑料刮刀沿大鉢邊沿把麵團輕輕取出，稍微整形後放入撒一層麵粉的烤盤，用保鮮膜把麵團蓋住令其二次發酵四十五分鐘，然後去保鮮膜直接放入用二百度已預熱十五分鐘的烤箱續烤三十分鐘，出爐後放在網架上放涼。
4. 切片後即可食用。

註：番薯餡較黏濕烘烤時間要比一般麵包長。

食材

- 番薯
- 高筋麵粉
- 小麥胚芽
- 燕麥麩
- 白砂糖
- 海鹽
- 酵母
- 茶籽油

29

核桃桂圓麵包早餐

1

2

3

4

5

做法

1. 核桃桂圓麵包（參照核桃桂圓麵包做法）切片。
2. 奶油小萵苣、羅曼生菜、新鮮荷蘭芹洗淨瀝乾後放入大碗，加入油浸風乾小番茄、黑胡椒碎、巴沙米可醋、蜂蜜、岩鹽、義大利乾燥綜合香草碎、初榨橄欖油，輕輕拌勻做成生菜沙拉。
3. 黃櫛瓜切片和大蒜片一起油煎，起鍋前撒一些岩鹽及黑胡椒碎。
4. 奇異果去皮切片。
5. 把黃櫛瓜、奇異果、核桃桂圓麵包一起裝成麵包盤。
6. 麵包盤、生菜沙拉，配上一杯現磨咖啡即成早餐，適合週日悠閒享用。

食材

- 核桃桂圓麵包
- 奶油小萵苣
- 羅曼生菜
- 油浸風乾小番茄
- 黃櫛瓜
- 奇異果
- 大蒜瓣
- 荷蘭芹

調料

- 黑胡椒碎
- 巴沙米可醋
- 蜂蜜
- 岩鹽
- 香草碎
- 初榨橄欖油

30

蘋果核桃麵包早餐

做法

1. 高筋麵粉、小麥胚芽、蘋果泥、核桃、初榨橄欖油、鹽、糖、酵母粉、水拌勻後揉成麵團，置於冰箱冷藏發酵一夜。
2. 隔天從冰箱取出，撒一點麵粉，整形成球狀後，置於烤盤上靜置四十五分鐘二次發酵。
3. 放入用二百度已預熱十五分鐘的烤箱續烤二十分鐘。
4. 麵包出爐放涼後以麵包刀切成片狀。
5. 無花果切成四瓣，香蕉去皮切段，一起用蔬果機打成泥。
6. 白黴乳酪切片，香菜及苜蓿苗洗淨瀝乾。
7. 以上食材全部裝盤上桌。
8. 食用時根據個人喜好以麵包來搭配，並撒上少許黑胡椒碎及辣橄欖油，早餐時可以來杯咖啡。

註：

1. 辣椒曬乾後烤香用橄欖油浸泡一周即成辣橄欖油。
2. 蘋果泥可用蘋果炒製成泥

食材

- 無花果
- 香蕉
- 香菜
- 核桃
- 蘋果泥
- 苜蓿苗
- 白黴乳酪
- 高筋麵粉
- 小麥胚芽

調料

- 黑胡椒碎
- 辣味橄欖油
- 初榨橄欖油
- 鹽
- 糖
- 酵母

31

迷迭香免揉麵包

1

2

3

4

做法

1. 大鉢中放微溫水，加入酵母、白砂糖、海鹽、初榨橄欖油，靜置一分鐘後，加入高筋麵粉及切碎的新鮮迷迭香嫩葉，用飯勺拌勻後簡單揉成一圓球，放在容器中蓋好令其自然發酵四十五分鐘，待麵團漲成兩倍大，用飯勺沿底部輕輕刮一圈後取出，用手稍加整形擠掉多餘的空氣。
2. 放入烤盤上用保鮮膜蓋住繼續發酵，四十五分鐘後拿掉保鮮膜，放入用二百度已預烤十五分鐘的烤箱續烤二十分鐘，然後取出在網架上放涼後切片。
3. 食用時，每片麵包鋪上苜蓿芽、義大利莫扎瑞拉乳酪片、義大利風乾火腿片，淋一些初榨橄欖油，並撒黑胡椒碎、匈牙利乾燥紅椒粉、新鮮羅勒花苞。
4. 用手拿著吃，搭配咖啡當早餐或下午茶點心。

註：微溫水不要超過46度C

食材

- 迷迭香
- 高筋麵粉
- 苜蓿芽
- 義大利風乾火腿片
- 義大利莫扎瑞拉乳酪
- 新鮮羅勒花苞

調料

- 匈牙利乾燥紅椒粉
- 初榨橄欖油
- 黑胡椒碎
- 酵母
- 白砂糖
- 海鹽

32

烤麵包配香草麻辣肉腸

1

2

3

4

5

做法

1. 小茴香苗和羅勒苗洗淨後甩乾殘水，鋪在木板上稍微晾乾，五穀雜糧果脯烤麵包切片，小番茄縱向切四瓣，蒸熟的麻辣豬肉臘腸放涼後切片。
2. 取一部分小茴香苗和羅勒苗鋪於盤底，放入切好的小番茄和葡萄乾，刨一些帕瑪森乳酪薄片上去，撒上黑胡椒碎，淋一些巴沙米可醋和初榨橄欖油的混合醬汁，這樣就完成香草番茄乳酪沙拉。
3. 把烤麵包切片放在木盤上，每片麵包上放小茴香苗或羅勒苗，接著放帕瑪森乳酪薄片和麻辣豬肉臘腸切片，每片再淋少許初榨橄欖油。
4. 食用時用手拿著吃，配剛完成的香草番茄乳酪沙拉和現磨咖啡，當早餐或下午茶點心皆宜。

食材

- 五穀雜糧果脯烤麵包
- 麻辣豬肉臘腸
- 小茴香苗
- 羅勒苗
- 帕瑪森乳酪
- 小番茄
- 葡萄乾

調料

- 黑胡椒碎
- 初榨橄欖油
- 海鹽
- 巴沙米可醋

33

蘆筍沙拉配芒果麵包

做法

1. 蘆筍洗淨，入煮開的滾水鍋中，加鹽燙二分鐘後撈出放涼，放入大碗中，小番茄洗淨切對半也放入大碗中，接著放入新鮮荷蘭芹碎、黑胡椒碎、海鹽，淋上初榨橄欖油及新鮮檸檬汁，拌勻後裝盤。
2. 雞蛋從水滾開始放入用大火續煮七分鐘後撈出沖水放涼剝殼，每顆縱向切成四等份然後放在蔬菜上，再撒少許海鹽及黑胡椒碎。
3. 烤好的芒果麵包切片，每片放上苜蓿芽及白黴乳酪片並淋一點初榨橄欖油。
4. 食用時沙拉配芒果麵包。

註：芒果麵包做法同免揉麵包只是在麵團中加入切碎的芒果乾。

食材

- 蘆筍
- 雞蛋
- 小番茄
- 荷蘭芹
- 苜蓿芽
- 白黴乳酪
- 芒果麵包

調料

- 檸檬汁
- 黑胡椒碎
- 海鹽
- 初榨橄欖油

1

2

3

4

34

橙子麵包丁配蜂蜜桂花醬

做法

1. 橙子皮刷洗乾淨，用刨絲器刮取橙皮絲備用，把橙子去皮後橫向切薄片。
2. 堅果麵包切小丁，小煎鍋放油開小火放入麵包丁煎至焦黃。
3. 取一玻璃沙拉盤，橙子切片平鋪盤底，煎好的麵包丁鋪在橙子上，把橙子皮絲和小茴香嫩葉撒上，撒少許海鹽調味，最後淋上蜂蜜桂花醬和初榨橄欖油。
4. 食用時橙子和麵包丁配蜂蜜桂花醬一起食用。

食材

- 橙子
- 堅果麵包
- 小茴香

調料

- 海鹽
- 蜂蜜桂花醬
- 初榨橄欖油

1

2

3

4

5

35

水果和蔬菜沙拉配烤麵包

1

2

3

4

5

做法

1. 蔬菜和水果全部洗淨瀝乾，酸模和羅曼萵苣用手掰成小塊，小番茄縱向切半，小黃瓜切薄片，蘋果切丁去核用檸檬水泡三分鐘後撈出，小橘子去皮橫向切半後再一瓣一瓣掰開，小葡萄去梗，無花果切開去皮再略切後用湯匙搗成泥。
2. 無花果泥加蜂蜜和檸檬汁調成無花果醬、把蘋果、橘子和葡萄三種水果混合後裝沙拉碗，淋上無花果醬並撒上新鮮薄荷葉。
3. 把酸模、羅曼萵苣、小番茄和小黃瓜散置於沙拉碗，撒上海鹽、黑胡椒碎和帕馬森乾酪絲，淋上由初榨橄欖油、蜂蜜和巴沙米可醋調成的醬汁。
4. 以上水果和蔬菜沙拉配葡萄核桃烤麵包和現磨咖啡當成早餐食用。

食材

- 無花果
- 蘋果
- 無籽小橘子
- 無籽小葡萄
- 薄荷
- 酸模
- 羅曼萵苣
- 小番茄
- 小黃瓜
- 帕馬森乾酪
- 葡萄核桃穀物麵包
- 檸檬

調料

- 初榨橄欖油
- 海鹽
- 黑胡椒碎
- 巴沙米可醋
- 蜂蜜

36

迷迭香佛卡夏麵包

1

2

3

4

5

做法

1. 大鉢放微溫水，加入酵母靜置五分鐘，加入高筋麵粉揉成麵團，取出麵團揉十分鐘後全面沾橄欖油放回大鉢，加蓋後讓麵團發酵一小時，等麵團漲成兩倍大後輕輕取出，直接放於墊有烤盤紙的烤盤，把麵團由中間往四周輕輕攤開，蓋上布後讓其二次發酵四十五分鐘，掀開蓋布在麵團表面均勻塗抹橄欖油，撒上海鹽、黑胡椒碎、新鮮迷迭香碎。
2. 把上述麵胚放入用二百度已預烤十五分鐘的烤箱續烤二十分鐘，出爐後放在網架上放涼，切成大約八公分乘四公分的大小後裝盤。
3. 裝盤後放上新鮮迷迭香裝飾，備一小碟巴沙米可醋混合初榨橄欖油的沾醬，用手拿佛卡夏麵包沾醬汁吃，這是一道傳統的義大利前菜。

註：

1.微溫水不要超過46度C

2.新鮮迷迭香使用時只取嫩葉切碎，莖部不要。

食材

- 迷迭香
- 高筋麵粉
- 初榨橄欖油

調料

- 海鹽
- 黑胡椒碎
- 巴沙米可醋

37

煎紫薯麵包配檸檬香草醬

做法

1. 檸檬分別刨取檸檬皮絲和搾汁，香草莢縱向切開刮取香草籽。
2. 鮮奶油加檸檬汁、白砂糖、香草籽，用電動攪拌棒打成濃稠醬汁。
3. 紫薯麵包切片放入塗上一層薄薄橄欖油的煎鍋，用中小火把兩面煎黃後直接取出裝盤。
4. 把檸檬香草奶油醬淋在煎好的紫薯麵包上，撒上新鮮薄荷葉及檸檬皮絲。
5. 配現磨咖啡當早餐食用。

食材

- 紫薯麵包
- 檸檬
- 薄荷
- 香草莢
- 鮮奶油
- 白砂糖
- 橄欖油

38

紫薯麵包和香草花

做法

1. 烤好的紫薯麵包（請參考P103紫薯麵包做法細節）放涼後切片，香菜和香菜花洗淨甩乾殘水，白黴乳酪切片。
2. 每片紫薯麵包放香菜、白黴乳酪，撒一些四色胡椒碎並淋上初榨橄欖油，最後撒上香草花配味和裝飾。
3. 搭配現磨咖啡當草餐或下午茶食用。

註：每年五月，剛開花的白色香草花帶著芳香的香菜味道，不但可以配味更可以當淡雅的裝飾。

食材

- 紫薯麵包
- 香菜
- 香菜花
- 法國布里白黴乳酪

調料

- 四色胡椒碎
- 初榨橄欖油

39

羅勒佛卡夏麵包

做法

1. 大缽加微溫水，放入酵母靜置十分鐘，加入高筋麵粉攪拌成麵團，把麵團揉十分鐘後放入四周塗過橄欖油的另一大缽，讓麵團全面沾油後加蓋靜置發酵一小時，然後取出放於墊著烤盤紙的烤盤，把麵團輕輕攤平成烤盤大小，用布蓋好再靜置發酵四十五分鐘。
2. 在面皮上均勻地扎一些小洞，均勻淋上橄欖油後撒上新鮮的羅勒花苞、黑胡椒碎和海鹽，放入已用二百度預烤十五分鐘的烤箱續烤二十五分鐘，取出放涼後切成小塊。
3. 撒一些新鮮羅勒花苞在切好的佛卡夏麵包上並放兩枝盛開的羅勒花在盤邊當裝飾。
4. 配一杯葡萄酒當正餐的前菜或當下午茶點心也很好。

註：微溫水不要超過46度C

食材

- 高筋麵粉
- 酵母
- 初榨橄欖油
- 海鹽
- 新鮮羅勒花苞
- 黑胡椒碎

40

烤玉米脆片配莎莎醬

做法

1. 蔬菜全部洗淨，青黃二色燈籠椒去蒂去籽後切碎，紫洋蔥去皮後切碎，大番茄底部用刀劃十字，放入滾水鍋中燙一分鐘後撈出剝皮切成小丁，荷蘭芹和薄荷切碎。
2. 把以上食材全部放入沙拉碗中，加入新鮮檸檬汁、香草醋、初榨橄欖油並撒一些海鹽和黑胡椒碎，用湯匙攪拌均勻即成莎莎醬。
3. 用手拿玉米脆片鏟一些莎莎醬一起食用。

註：
1. 烤玉米脆片可買市售墨西哥原味玉米脆片。
2. 喜歡吃辣的可在莎莎醬製作時加入新鮮的去籽辣椒碎。

食材

・青燈籠椒
・黃燈籠椒
・紫洋蔥
・大番茄
・荷蘭芹
・薄荷
・墨西哥烤玉米脆片

調料

・黑胡椒碎
・新鮮檸檬汁
・香草醋
・海鹽
・初榨橄欖油

1

2

3

41

迷迭香脆餅配風乾番茄醬

做法

1. 大鉢加微溫水，放入酵母靜置十分鐘，加入高筋麵粉、海鹽、初榨橄欖油攪拌成麵團，把麵團揉十分鐘後放入四周塗過橄欖油的大鉢，讓麵團全面沾油後加蓋靜置發酵一小時，然後取出放於墊著烤盤紙的烤盤，把麵團輕輕攤平成烤盤大小，用布蓋好再靜置發酵四十五分鐘。
2. 在面皮上扎一些洞，均勻淋上橄欖油後撒上切碎的迷迭香和海鹽，放入已用二百度預烤十五分鐘的烤箱續烤二十五分鐘，取出放涼後切成小塊。
3. 把義式風乾小番茄、松子、帕馬森乳酪、白胡椒粉、荷蘭芹碎、初榨橄欖油、海鹽，用食物料理機打成泥後裝小碟，擺上百里香即成風乾番茄醬。
4. 就餐時用手拿迷迭香脆餅沾風乾番茄醬一起食用。

註：微溫水不要超過46度C

食材

- 迷迭香
- 高筋麵粉
- 百里香
- 荷蘭芹
- 義式風乾小番茄
- 松子
- 帕馬森乳酪

調料

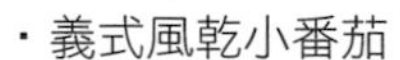

- 白胡椒粉
- 海鹽
- 初榨橄欖油
- 酵母

42

水果乾麵包配蘋果沙拉

1

2

3

4

5

做法

1. 綜合水果乾麵包製法參考P123免揉麵包章節，材料調整為水、酵母、高筋麵粉、糖、鹽、橄欖油、杏仁粉、小麥胚芽、綜合水果乾。
2. 小型蘋果、奇異果洗淨後去皮切薄片，然後平鋪於盤裡撒上切碎的藍紋乳酪及烤好的核桃碎，再撒上新鮮的橙皮絲、小茴香嫩葉、黑胡椒碎，淋一些蜂蜜和初榨橄欖油即成蘋果沙拉。
3. 把綜合水果乾麵包切片然後和布里白黴乳酪、苜蓿芽一起擺盤。
4. 烤麵包、乳酪、沙拉，再來一杯咖啡當成早餐是一天愉快的開始。

食材

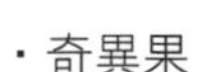

- 綜合水果乾
- 苜蓿芽
- 布里白黴乳酪
- 小型蘋果
- 杏仁粉
- 小麥胚芽
- 奇異果
- 藍紋乳酪
- 核桃
- 小茴香
- 橙子

調料

- 黑胡椒碎
- 蜂蜜
- 酵母
- 糖
- 鹽
- 橄欖油

43

蘋果豌豆沙拉配烤麵包

1 2 3 4 5

做法

1. 蘋果去皮去核切薄片，金桔去籽切小丁，豌豆仁燙熟撈出，藍紋乳酪切碎，核桃仁掰小塊烤香。
2. 把蘋果片、豌豆仁、金桔丁散置盤底，撒上藍紋乳酪碎及烤好的核桃仁，最後淋上蜂蜜，做成蘋果豌豆沙拉。
3. 法式迪戎芥末醬放一些橄欖油、檸檬汁，充分攪拌後加入切碎的新鮮薄荷葉拌勻，做成薄荷芥末醬。
4. 把薄荷芥末醬塗在每片烤好的雜糧麵包上。
5. 食用時，蘋果豌豆沙拉配薄荷芥末醬烤麵包，再來一杯現磨的咖啡，便是一份愜意的早餐。

食材

- 蘋果
- 豌豆
- 金桔
- 核桃
- 藍紋乳酪
- 薄荷

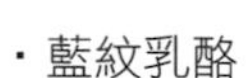

調料

- 初榨橄欖油
- 法式迪戎芥末醬
- 檸檬汁
- 蜂蜜

44

奶酪蛋泥小麵包早餐

1

2

3

4

做法 

1. 雞蛋加白胡椒粉和海鹽打散成蛋液，小煎鍋放奶油開中小火，奶油融化後轉小火倒入蛋液，快速用小木鏟或奶油刮刀把蛋液拌炒成蛋泥，馬上出鍋裝碗並加入馬斯卡彭奶酪攪拌均勻。
2. 烤好的小麵包放烤箱以一百三十度加熱五分鐘後取出，用麵包刀從側面一分為二即底座和上蓋。
3. 紫洋蔥去皮切絲，酸豆略切。
4. 把小麵包底座平放於木板上，每片鋪上奶酪蛋泥、煙燻鱒魚片和洋蔥絲，撒上酸豆、蒔蘿嫩葉和黑胡椒碎並淋少許檸檬橄欖油，最後把小麵包上蓋蓋上並裝盤。
5. 配現磨咖啡當早餐。

食材

- 小麵包
- 煙燻鱒魚
- 雞蛋
- 紫洋蔥
- 酸豆（續隨子花苞）
- 蒔蘿
- 奶油（黃油）
- 馬斯卡彭奶酪

調料

- 白胡椒粉
- 黑胡椒碎
- 海鹽
- 檸檬橄欖油

45

牛肉漢堡

1

2

3

4

5

6

7

做法

1. 牛絞肉加一顆雞蛋、洋蔥碎、黑胡椒碎、義式綜合香草碎、岩鹽和生粉後拌勻，取出拌好的肉糜搓成肉丸並反覆拍打，接著輕輕用手掌按壓整形成一個肉餅並在肉餅兩面拍一些生粉，放入冰箱冷藏1小時讓其定型後取出備用。
2. 漢堡麵包胚用鋸齒刀從中間剖開，兩片斷面塗上迪戎芥末奶油奶酪醬，底座那一片放芝麻菜、洋蔥絲和番茄切片。
3. 煎鍋放油開中大火，放入肉餅兩面各煎一分鐘上色，轉開中小火兩面再各煎二分鐘，取出後放在底座的生菜上，接著把布里乳酪切片放在牛肉餅上，最後蓋上漢堡胚上蓋。
4. 放一些番茄片，淋一些橄欖油，撒一些帕瑪森乾酪絲在盤面，最後放一些醃製的黑橄欖，綠橄欖和小洋蔥當漢堡食用時的配菜。

食材

- 牛絞肉
- 芝麻菜
- 番茄
- 洋蔥
- 雞蛋
- 醃製黑橄欖
- 醃製綠橄欖
- 醃製小洋蔥
- 帕瑪森乾酪
- 法國布里乳酪

調料

- 黑胡椒碎
- 岩鹽
- 初榨橄欖油
- 乾燥義式綜合香草碎
- 生粉（太白粉）
- 迪戎芥末醬
- 奶油奶酪

46

紫薯麵包配蘋果奇異果沙拉

做法

1. 紫薯用水煮二十五分鐘，確認熟軟後撈出剝皮用湯匙搗碎。
2. 不鏽鋼鉢中放入水、酵母、海鹽、砂糖、玉米油，加入搗碎的紫薯及高筋麵粉，攪拌均勻揉成麵團用保鮮膜封住頂口，發酵四十五分鐘待麵團漲成兩倍大，把麵團加以整形去除多餘的空氣，放在烤盤上用保鮮膜蓋住繼續發酵四十五分鐘，拿掉保鮮膜把烤盤同麵團一起放入用二百度已預熱十五分鐘的烤箱續烤二十分鐘後出爐，即成紫薯麵包。
3. 奇異果去皮切片，蘋果去皮去核切片，放入玻璃盤撒上蜜蜂草及切碎的藍紋乳酪，淋上蜂蜜做成蘋果沙拉。
4. 紫薯麵包放涼後切片配蘋果沙拉，再來一杯現磨咖啡，當成一份清爽怡人的早餐。

食材

- 紫薯麵包
- 蘋果
- 奇異果
- 黃金奇異果
- 蜜蜂草
- 藍紋乳酪
- 蜂蜜

1

2

3

4

47

拖鞋帕里尼和蘋果沙拉

做法

1. 義式拖鞋麵包橫向切成兩塊，每塊再從側面剖開但不切斷，在麵包切面上鋪上洗好瀝乾的綜合香草再鋪上用手撕開的依比利亞火腿切片，撒上切碎的藍紋乳酪再淋一些初榨橄欖油，最後再撒黑胡椒碎和羅勒花朵，即成帕里尼。
2. 蘋果洗淨切薄片再切成長條，去掉帶核的部分，加一些檸檬汁和冷開水浸泡三分鐘後撈出裝入沙拉碗裡，放入烤好的核桃和切碎的藍紋乳酪，撒上薄荷葉和小茴香嫩葉，淋上初榨敢欖油並撒黑胡椒碎。
3. 自製原味優格（酸奶）裝碗後淋上梅子醬和蜂蜜。
4. 把拖鞋帕里尼、蘋果沙拉、梅子醬優格全部上桌，配上現磨咖啡當成假日早午餐，又是一個愉快假日的開始。

註：藍紋乳酪俱有相當鹹味，是否再加鹽調味應依使用量再斟酌。

食材

- 義式拖鞋麵包
- 西班牙依比利亞火腿切片
- 小茴香
- 羅勒苗
- 香菜苗
- 薄荷
- 蘋果
- 檸檬
- 藍紋乳酪
- 核桃
- 原味優格
- 梅子醬
- 蜂蜜

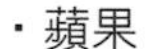

調料

- 黑胡椒碎
- 初榨橄欖油

48

芹菜乳酪煎餅

做法

1. 芹菜葉洗淨瀝乾後切成碎末。
2. 大碗中放入芹菜碎末、低筋麵粉、雞蛋、蝦皮、黑胡椒碎、海鹽、冷水、橄欖油，拌勻調成芹菜雞蛋糊。
3. 煎鍋開小火加少許橄欖油，等油散開注入芹菜雞蛋糊，迅速轉動煎鍋把雞蛋糊攤平，放入莫扎瑞拉乳酪絲，蓋上鍋蓋。
4. 大約五分鐘後開蓋，煎餅頂部已凝固並確認底部已煎至金黃色後，翻面亦煎至金黃，然後再翻面後直接出鍋，放在砧板上切成八等份。
5. 裝盤時疊成扇型以香菜裝飾。

註：芹菜買回，梗用掉後，葉子有相當營養價值不要丟掉，洗乾淨做芹菜餅，簡單又環保。

食材

- 芹菜葉
- 蝦皮
- 雞蛋
- 低筋麵粉
- 莫扎瑞拉乳酪絲
- 香菜

調料

- 黑胡椒碎
- 橄欖油
- 海鹽

CHAPTER 3

沙拉和酸奶

01

三分鐘無花果沙拉

做法

1. 無花果洗淨瀝乾，每顆縱向切八等份後直接裝盤。
2. 撒上烤過去內膜的榛果、小型山葡萄乾、乾燥椰子蓉和少許岩鹽。
3. 淋上由檸檬橄欖油、蜂蜜和薄荷醋調成的醬汁。
4. 食用時拌勻即可。

註：薄荷醋也可以事先自製，把新鮮薄荷洗淨吹乾殘水，直接丟入白葡萄酒醋中浸泡一周即成。

食材

- 無花果
- 去內膜的榛果
- 小型山葡萄乾
- 乾燥椰子蓉

調料

- 檸檬橄欖油
- 蜂蜜
- 薄荷醋
- 岩鹽

1

2

3

4

02

三分鐘蘋果沙拉

做法

1. 蔬菜水果全部洗淨，卷心萵苣甩乾殘水用手掰成小塊，小番茄縱向切對半，蘋果削皮去籽切薄片，藍紋乳酪切碎。
2. 把卷心萵苣、小番茄、蘋果片散置沙拉盤上，撒上藍紋乳酪碎、海鹽、黑胡椒碎、新鮮薄荷葉，淋少許小茴香醋和初榨橄欖油。
3. 食用時拌勻即可。

註：藍紋乳酪本身有鹹度，加海鹽要減量，蘋果片和小番茄都具有酸度，加小茴香醋要酌量，此道若蘋果沒打蠟可以洗淨不削皮則準備速度更快，基本上三分鐘皆可完成。

食材

- 蘋果
- 小番茄
- 卷心萵苣
- 藍紋乳酪
- 薄荷

調料

- 黑胡椒碎
- 海鹽
- 小茴香醋
- 初榨橄欖油

1

2

3

03

三色小型水果沙拉

做法

1. 砂糖橘去皮掰成瓣。
2. 紅石榴去皮取子。
3. 藍莓洗淨瀝乾。
4. 以上食材依序散置於玻璃碗中。
5. 撒上薄荷葉。
6. 淋上淡奶油和優格的混合醬。
7. 食用前把食材拌勻。

食材

- 小型砂糖橘
- 紅石榴
- 藍莓
- 薄荷

調料

- 新鮮淡奶油
- 原味優格

04

芒果沙拉

做法

1. 芒果去皮切丁。
2. 淋上鮮奶油優格混合醬。
3. 撒上榛子糖碎。
4. 最後以薄荷點綴。
5. 食用前把醬料拌勻分裝到小玻璃碗。

註：
1. 薄荷花開季節，葉及花皆可用。
2. 芒果用愛文品種酸甜度及香氣最好，優格選用原味可以平衡芒果甜度。

食材

- 芒果
- 薄荷
- 榛子糖碎

調料

- 原味優格
- 鮮奶油

05

三果薄荷沙拉

做法

1. 水果及薄荷全部洗淨瀝乾，蘋果削皮去核切小丁，金桔縱向切對半後去籽然後切薄片，薄荷摘取嫩葉。
2. 取一大碗，依序放入蘋果丁、金桔薄片、藍莓，最上層撒滿薄荷嫩葉。
3. 取一小碗，放入杏仁粉及亞麻仁籽粉，加熱開水充分攪拌，然後加一些鮮奶油，等稍涼後加入蜂蜜調成濃稠醬汁。
4. 擠四分之一顆新鮮檸檬汁淋在水果上面，最後淋上調好的醬汁，食用時拌勻再分裝小盤即可
5. 配烤麵包和咖啡當早餐食用。

食材

- 蘋果
- 金桔
- 藍莓
- 薄荷
- 檸檬

調料

- 杏仁粉
- 亞麻仁籽粉
- 鮮奶油
- 蜂蜜

1

2

3

4

06

下午茶隨意沙拉

做法

1. 櫻桃洗淨切對半並去籽。
2. 水蜜桃、奇異果、蘋果洗淨去皮取肉後切小丁。
3. 以上食材散置於沙拉碗中。
4. 撒上新鮮薄荷葉。
5. 淋上原味優格拌勻即可食用。
6. 下午茶的咖啡不想配甜點時也可來一盤新鮮水果沙拉。

食材

- 櫻桃
- 水蜜桃
- 奇異果
- 蘋果
- 薄荷

調料

- 原味優格

07

小茴香金桔酪梨沙拉

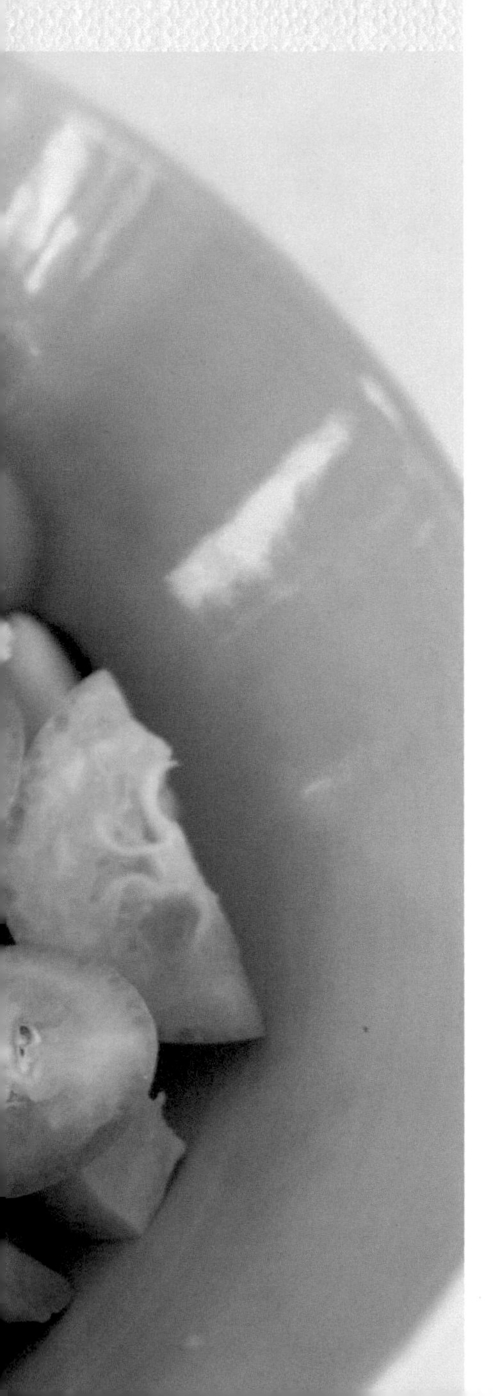

做法

1. 金桔洗淨切小瓣後去籽，酪梨去皮去籽後切小丁，把金桔和酪梨散置於沙拉碗裡。
2. 淋上用原味酸奶、蜂蜜、海鹽調製的醬汁。
3. 撒上新鮮小茴香。
4. 食用時拌勻，配麵包和咖啡當下午茶點心。

食材

- 金桔
- 酪梨（牛油果）
- 小茴香
- 原味酸奶（優格）

調料

- 蜂蜜
- 海鹽

1

2

3

08

小茴香番茄堅果沙拉

做法

1. 雙色小番茄洗淨，依大小縱向切四等份或對半，然後放入沙拉碗裡。
2. 撒入烤過的杏仁、腰果和開心果以及葡萄乾、曼越莓乾、椰子蓉和切碎的藍紋乳酪，最後鋪上新鮮小茴香。
3. 撒上黑胡椒碎和少許海鹽，最後淋上初榨橄欖油。
4. 食用時拌勻分裝小盤，配烤麵包或玉米片做為早餐或下午茶點心。

註：藍紋乳酪有一定鹹度，加鹽時要減半。

食材

- 小番茄
- 葡萄乾
- 曼越莓乾
- 小茴香
- 腰果
- 杏仁
- 開心果
- 藍紋乳酪
- 椰子蓉

調料

- 初榨橄欖油
- 黑胡椒碎
- 海鹽

1

2

3

09

五分鐘水果沙拉

做法

1. 檸檬清洗並刷洗乾淨，用刮皮刀刮取皮絲，果肉搾取檸檬汁。
2. 無打蠟蘋果洗淨後不削皮，直接切開去核取肉切小丁。
3. 水梨洗淨去皮，切開去核後切小丁。
4. 藍莓洗淨後瀝乾備用。
5. 蘋果丁和水梨丁混合散置於沙拉碗中，上面撒上藍莓及蜜蜂草、檸檬皮絲，淋一些搾好的檸檬汁及蜂蜜。
6. 食用時拌勻即可。
7. 配咖啡及藍莓馬芬當下午茶點心。

食材

- 無打蠟蘋果
- 水梨
- 藍莓
- 蜜蜂草（香蜂草 ）
- 檸檬

調料

- 蜂蜜

10

五彩繽紛水果沙拉

做法

1. 材料表列的五種水果洗淨。
2. 草莓去蒂，芒果去皮取肉，橙子去皮順著果瓣取肉，奇異果去皮，上述水果全部切小丁和藍莓一起散置於一大玻璃碗中。
3. 水果丁上面放一些新鮮的薄荷葉當裝飾，最後淋上原味優格。
4. 食用時拌勻即可，配一些烤麵包和現磨咖啡便是一頓五彩繽紛的早餐。

食材

- 藍莓
- 芒果
- 橙子
- 草莓
- 奇異果
- 薄荷
- 原味優格

11

木瓜優格沙拉

做法

1. 木瓜去皮，對切後用湯匙輕輕刮去籽。
2. 切大丁後放於沙拉碗中。
3. 淋上原味優格後放置一些薄荷葉。
4. 食用前拌勻即可。

註：薄荷花開季節其花葉皆可用。

食材

・木瓜
・薄荷

調料

・原味優格

12

水蜜桃伊比利亞火腿沙拉

做法

1. 水蜜桃洗淨後去皮去核切薄片直接平鋪於盤底。
2. 伊比利亞火腿切片用手撕成小片散置於水蜜桃上。
3. 撒上新鮮薄荷嫩葉和小茴香花蕊。
4. 食用時水蜜桃切片和伊比利亞火腿及香草一起食用，可以當前菜或下午茶點心或者當成小酒館下酒菜也可。

食材

・水蜜桃
・伊比利亞火腿切片
・薄荷
・小茴香花蕊

13

水蜜桃杏仁片沙拉

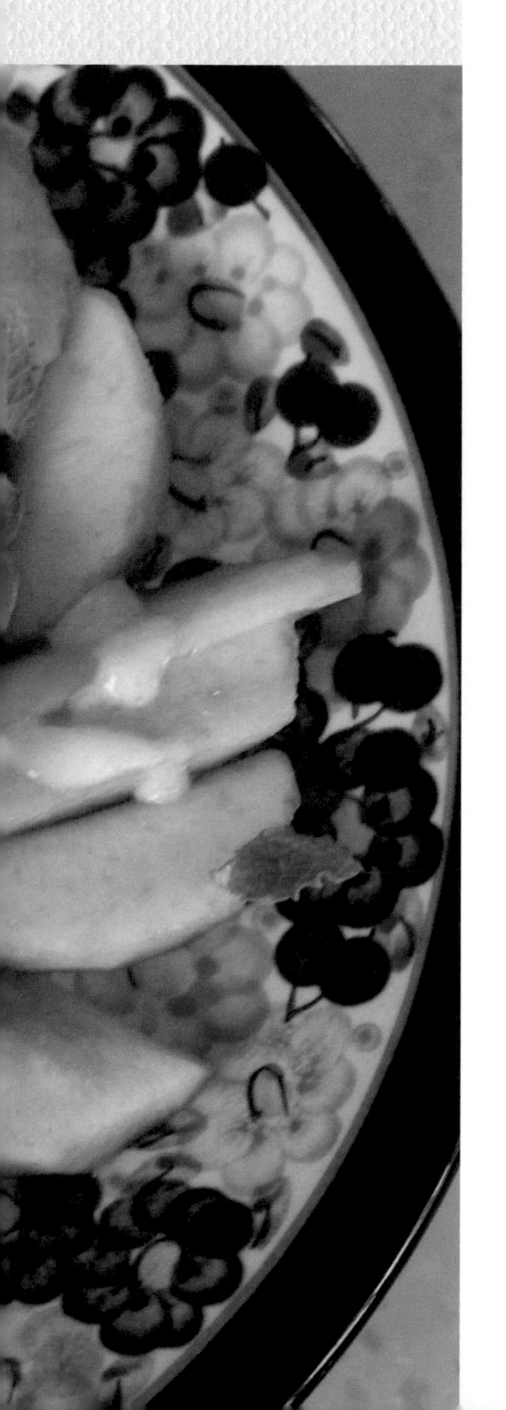

做法

1. 水蜜桃洗淨後去皮去核切薄片直接擺盤，取一部分水蜜桃切成小丁放入醬料鍋加白砂糖，開大火煮滾後轉小火熬煮五分鐘，用電動打碎器把水蜜桃打成泥。
2. 把水蜜桃泥放涼後和原味酸奶混合攪拌即成水蜜桃酸奶醬，把醬汁淋在水蜜桃切片上，撒上事先烤香的杏仁片和新鮮薄荷葉。
3. 食用時拌勻並分裝小盤當成早餐沙拉。

食材

- 水蜜桃
- 薄荷
- 杏仁片

調料

- 白砂糖
- 原味酸奶（優格）

1

2

3

4

14

水蜜桃薄荷沙拉

做法

1. 水蜜桃洗淨後去皮，縱向切瓣後把核丟棄。
2. 檸檬香草奶油醬汁製作：香草莢用刀剖開後用刀刃刮取香草籽，把香草籽，新鮮檸檬汁，鮮奶油和蜂蜜放入醬汁碟裡拌勻，接著用小型電動攪拌棒打成綿密醬汁。
3. 把水蜜桃瓣直接平鋪於沙拉盤裡，淋上檸檬香草奶油醬汁，再撒上新鮮薄荷嫩葉。
4. 配咖啡和開放式三明治當早餐。

食材

- 水蜜桃
- 薄荷
- 香草莢
- 檸檬
- 蜂蜜
- 鮮奶油（淡奶油）

1

2

3

15

火腿片煎無花果

做法

1. 無花果切成四瓣。
2. 火腿片切成大約五公分長。
3. 平底鍋用小火油煎無花果去生。
4. 入火腿片迅速輕輕拌炒。
5. 起鍋前撒荷蘭芹末拌一下。
6. 裝盤後淋少許雪莉酒醋，撒上黑胡椒碎。
7. 最後刨一些帕瑪森乳酪絲撒上。

註：也可用巴沙米可醋取代雪莉酒醋。

食材

・無花果
・義式燻火腿片
・荷蘭芹
・帕瑪森乳酪

調料

・雪莉酒醋
・黑胡椒碎

16

四色水果沙拉

1 2 3

4

做法

1. 水果全部洗淨瀝乾，小番茄縱向切對半，奇異果去皮切小丁，油桃和芒果去皮去籽後切小丁，切好的水果混裝在大沙拉碗裡。
2. 烤好的核桃掰碎和葡萄乾及曼越莓乾一起散撒於碗裡。
3. 帕瑪森乾酪刨薄片放在碗中間，再撒上薄荷葉、鼠尾草花、黑胡椒碎和岩鹽，最後淋上檸檬橄欖油。
3. 食用時拌勻分裝小碟，配墨西哥玉米脆片和咖啡當早餐或下午茶點心也可。

註：帕瑪森乾酪有鹹味，岩鹽添加時要減半。

食材

- 小番茄
- 奇異果
- 油桃
- 芒果
- 薄荷
- 鼠尾草花
- 葡萄乾
- 曼越莓乾
- 核桃
- 帕瑪森乳酪

調料

- 黑胡椒碎
- 檸檬橄欖油
- 岩鹽

17

石榴蘋果沙拉

1

2

3

4

做法

1. 新鮮桂花採摘後挑出殘梗雜葉，放入淡鹽水中浸泡十分鐘後用清水洗淨後瀝乾，把處理好的桂花攤開陰乾，然後放入用開水消毒過的玻璃罐中，加入蜂蜜稍加攪拌均勻靜置一周即成蜂蜜桂花醬。
2. 取蜂蜜桂花醬加原味優格攪拌均勻做成桂花蜂蜜酸奶醬。
3. 石榴去殼去膜取石榴子，蘋果洗淨切片後切長條，放入檸檬水中稍加浸泡後取出。
4. 沙拉碗中散置石榴子和蘋果條，中間放新鮮小茴香嫩葉，食用時淋上桂花蜂蜜酸奶醬。

註：桂花也可以買市售的乾燥桂花直接使用。

食材

- 石榴
- 蘋果
- 檸檬
- 桂花
- 蜂蜜
- 原味優格（酸奶）
- 小茴香

調料

- 海鹽

18

紅藍綠沙拉

做法

1. 無打蠟紅色蘋果洗淨不去皮切開去核後切小丁。
2. 奇異果洗淨去皮切小丁。
3. 藍莓洗淨。
4. 以上三色水果丁散置於玻璃沙拉碗中。
5. 撒上新鮮薄荷葉。
6. 淋上原味優格。
7. 食用時拌勻即可。

註：無打蠟蘋果才可以帶皮吃。

食材

- 紅色蘋果
- 綠色奇異果
- 藍莓

調料

- 薄荷
- 原味優格

1

2

3

19

夏季清涼水果沙拉

做法

1. 芒果、香瓜、香蕉洗淨去皮取肉後切小丁。
2. 無籽葡萄橫向切小段。
3. 以上水果混合後散置於玻璃碗中。
4. 撒上薄荷葉及烤過的松子。
5. 淋上現榨的檸檬汁。
6. 食用時拌勻即可。
7. 夏季食用前放入冰箱冷藏十五分鐘，風味更加清涼可口。

食材

- 芒果
- 香瓜
- 香蕉

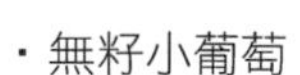

- 無籽小葡萄
- 薄荷
- 松子

調料

- 新鮮檸檬汁

20

桃子蘋果香草酸奶醬沙拉

做法

1. 水果全部洗淨，蘋果削皮切瓣去核，水蜜桃部分去皮部分不去皮，全部切瓣去核，香草莢用刀縱向剖開刮取香草籽，檸檬切開搾汁。
2. 醬料製作：取一醬料碗，放入檸檬汁、香草籽、白砂糖、原味酸奶，用攪拌棒攪拌均勻即成香草酸奶醬。
3. 取一沙拉碗，把去皮的桃子和蘋果散置碗裡，把帶皮的桃子放在上層，淋上調好的香草酸奶醬，擺上新鮮的薄荷，最後撒上事先烤脆的杏仁碎粒。
4. 食用時拌勻分裝小碗即可。

註：蘋果一年四季皆可買到，而每年六七月是水蜜桃盛產季節，此時適合做這道沙拉。

食材

・蘋果
・水蜜桃
・薄荷
・杏仁碎粒
・香草莢
・檸檬
・白砂糖
・原味優格（原味酸奶）

21

綠扁豆馬鈴薯雞蛋沙拉

1

2

3

4

做法 

1. 馬鈴薯、胡蘿蔔洗淨去皮切小丁，綠扁豆洗淨備用。
2. 雞蛋從水滾開始放入以大火煮七分鐘，撈出沖水放涼後剝殼切成小丁。
3. 湯鍋加水放入綠扁豆及剝皮的大蒜瓣，水煮開後加一點海鹽，並放入胡蘿蔔丁及馬鈴薯丁，大約煮二十分鐘後食材皆已熟軟，把多餘的湯汁倒掉。
4. 取一大碗把上述煮熟的食材及雞蛋丁放入，加義式風乾火腿切片、黑胡椒碎、橄欖油、淡奶油、新鮮檸檬汁，並酌量加一點海鹽，把全部食材拌勻。
5. 裝盤後撒一些乾燥的荷蘭芹碎。

食材

・綠扁豆
・馬鈴薯
・胡蘿蔔
・雞蛋
・義式風乾火腿
・大蒜瓣

調料

・黑胡椒碎
・海鹽
・檸檬汁
・乾燥荷蘭芹碎
・初榨橄欖油
・淡奶油（鮮奶油）

22

清爽沙拉配芝麻麵包

做法

1. 櫻桃洗淨對半切並去籽。
2. 無打蠟蘋果洗淨後不去皮，切開去核取肉後切小丁。
3. 奇異果洗淨去皮切小丁。
4. 以上水果丁散置於玻璃碗中。
5. 撒上新鮮蜜蜂草嫩葉及預先烤香的杏仁片。
6. 食用時淋上蜂蜜並拌勻即可。
7. 搭配事先烤好的芝麻麵包及咖啡，便是一頓清爽的夏日早餐。

食材

- 櫻桃
- 無打蠟蘋果
- 奇異果
- 蜜蜂草（香蜂草）
- 杏仁片

調料

- 蜂蜜

23

剩麵包沙拉

1

2

3

4

做法 

1. 吃剩的隔夜雜糧麵包噴一些水，放入已預熱一百二十度的烤箱烤五分鐘，出爐後用手掰成小塊備用。
2. 蔬菜全部洗淨瀝乾，小番茄切對半，酪梨去皮去籽切成小塊，芝麻菜和卷葉萵苣用手掰成小片。
3. 沙拉盤上放入芝麻菜、卷葉萵苣、小番茄、酪梨、麵包丁，以及新鮮薄荷葉。
4. 撒上黑胡椒碎和海鹽，淋上由巴沙米可醋、蜂蜜、檸檬汁混合而成的醬汁。
5. 食用時拌勻即可，配上咖啡當快速早餐食用。

食材

- 吃剩的隔夜雜糧麵包
- 酪梨（牛油果）
- 小番茄
- 芝麻菜
- 卷葉萵苣
- 薄荷

調料

- 巴沙米可醋
- 初榨橄欖油
- 海鹽
- 新鮮檸檬汁
- 蜂蜜

24

番茄香草沙拉與蘋果沙拉

做法

1. 小番茄縱向切對半，洋蔥切絲，綜合香草苗切去根部，蘋果切長條，火腿片用手撕小塊
2. 取沙拉盤，小番茄鋪在下層，綜合香草苗鋪中間，洋蔥絲沿邊緣撒一圈，先撒少許海鹽再放上火腿片並淋少許由初榨橄欖油、白葡萄酒醋和蜂蜜調成的醬汁，刨一些帕馬森乳酪絲上去，撒上黑胡椒碎和芡歐鼠尾草花朵。
3. 蘋果去核切條狀，撒上烤熟的去皮花生、切碎的藍紋乳酪、黑胡椒碎和小茴香嫩葉，淋少許初榨橄欖油即可。
4. 紫薯吐司放入烤麵包機烤至焦黃後切半。
5. 原味酸奶淋上由山楂醬和蜂蜜混合調成的醬汁並撒上新鮮薄荷葉。
6. 搭配現磨咖啡當早餐。

食材

- 橘色和紅色小番茄
- 紫洋蔥
- 伊比利亞火腿切片
- 綜合香草苗（香菜苗，小茴香苗，羅勒苗，蘿蔔苗，芡歐鼠尾草苗）
- 帕馬森乾酪
- 蘋果
- 藍紋乳酪
- 去皮花生
- 原味酸奶
- 薄荷
- 山楂醬
- 蜂蜜
- 紫薯吐司

調料

- 海鹽
- 黑胡椒碎
- 初榨橄欖油
- 白葡萄酒醋

25

番茄酪梨沙拉

1

2

3

4

5

做法

1. 小番茄洗淨後縱向切四等份，酪梨去皮去籽後切小丁。
2. 把切好的番茄和酪梨散置於沙拉碗裡。
3. 撒上白葡萄乾、藍莓乾和曼越莓乾。
4. 撒上烤過的杏仁片、椰子蓉以及切碎的藍紋乳酪和少許海鹽。
5. 最後淋上初榨橄欖油和蜂蜜。
6. 食用時拌勻分裝小盤，配烤餅和咖啡當下午茶點心。

食材

- 番茄
- 酪梨（牛油果）
- 白葡萄乾
- 藍莓乾
- 曼越莓乾
- 杏仁片
- 椰子蓉
- 藍紋乳酪

調料

- 初榨橄欖油
- 蜂蜜
- 海鹽

26

紫薯山楂沙拉

做法

1. 紫薯帶皮煮熟後剝皮並用叉子搗碎備用。
2. 檸檬刷洗乾淨用刮皮刀刮取檸檬皮絲，然後整顆對切用榨汁棒搾取檸檬汁備用。
3. 山楂去籽後切小丁。
4. 檸檬汁加白細砂糖混合後與紫薯泥拌勻。
5. 取一玻璃碗裝攪拌後的紫薯泥，然後依序放入山楂丁、白巧克力豆、檸檬皮絲。
6. 最後淋上原味優格並以薄荷葉裝飾。
7. 食用前把原味優格拌勻。

註：

1.紫薯根據大小大約煮30分鐘可以熟。

2.紫薯加入檸檬汁後會由紫色變成紫紅色。

食材

- 紫薯
- 山楂
- 檸檬
- 薄荷
- 白巧克力豆

調料

- 白細砂糖
- 原味優格

27

紫蘇香蜂草蕃茄沙拉

做法

1. 紫蘇、香蜂草和茉莉花洗乾淨把殘水甩乾，小番茄洗淨後縱向切對半，以上食材散置於沙拉盤裡。
2. 撒一些烤好的杏仁片和榛子以及葡萄乾進去，再撒一些海鹽和黑胡椒碎調味，最後淋上由蜂蜜、初榨橄欖油、巴沙米可醋混合調成的醬汁。
3. 食用時拌勻配咖啡及香草蘇打餅乾。

食材

- 紫蘇
- 香蜂草
- 茉莉花
- 小番茄
- 杏仁片
- 榛子
- 葡萄乾

調料

- 海鹽
- 黑胡椒碎
- 初榨橄欖油
- 巴沙米可醋
- 蜂蜜

1

2

3

4

5

28

黃桃茉莉花沙拉

做法

1. 黃桃洗淨削皮去核，大部分切薄片少部分切小丁。
2. 把黃桃小丁和黃冰糖放入醬料鍋並加少許水，開中火煮滾後轉開小火熬煮五分鐘，稍微放涼用電動攪拌器打成泥，把黃桃泥和原味優格拌勻做成醬汁。
3. 新鮮茉莉花和薄荷葉洗淨後甩乾殘水。
4. 黃桃切片平鋪裝盤，淋上調好的醬汁並撒上新鮮茉莉花和薄荷葉。
5. 食用時分裝小盤，當早餐沙拉及下午茶或飯後甜點皆可。

食材

- 黃桃
- 茉莉花
- 薄荷
- 原味優格（酸奶）

調料

- 黃冰糖

29

蔬菜水果堅果香草沙拉

做法

1. 蔬菜水果全部洗淨瀝乾，個頭大的小番茄縱向切成四瓣，個頭小的小番茄縱向切成兩瓣，奇異果去皮後切小丁，腰果、核桃、杏仁片、南瓜子、榛果碎等綜合堅果用小煎鍋烤出焦黃色。
2. 把芝麻菜平鋪盤底，放入小番茄和奇異果，接著撒上茉莉花和薄荷葉，最後再撒上烤好的綜合堅果、黑胡椒碎和岩鹽並淋上白葡萄酒醋、蜂蜜和初榨橄欖油。
3. 食用時拌勻即可，配麵包和咖啡當早餐。

食材

- 芝麻菜
- 小番茄
- 奇異果
- 薄荷
- 茉莉花
- 腰果
- 核桃
- 杏仁片
- 南瓜子
- 榛果碎

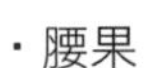

調料

- 黑胡椒碎
- 岩鹽
- 白葡萄酒醋
- 蜂蜜
- 初榨橄欖油

30

營養均衡雙沙拉

1 2 3 4 5

做法

1. 蘋果洗淨去皮去籽後切小丁然後放入沙拉碗，撒上香蜂草嫩葉和曼越莓乾，淋上由杏仁粉、原味優格、蜂蜜、檸檬汁混合而成的醬汁，即做成蘋果香蜂草沙拉。
2. 小番茄縱向切對半後鋪於盤底，小地榆和羅勒苗散置於盤面，撒上綜合堅果、葡萄乾和海鹽，淋上由巴沙米可醋和初榨橄欖油混合而成的醬汁，最後撒一些黑胡椒碎即成香草綜合堅果沙拉。
3. 雙沙拉有蔬菜有水果，配烤麵包、咖啡和法國布里白黴乳酪一起食用，是一頓營養均衡的早餐。

食材

- 蘋果
- 香蜂草
- 小地榆
- 羅勒苗
- 小番茄
- 曼越莓乾
- 綜合堅果
- 葡萄乾

調料

- 原味優格
- 杏仁粉
- 蜂蜜
- 檸檬汁
- 巴沙米可醋
- 初榨橄欖油
- 黑胡椒碎
- 海鹽

31

懶人健康沙拉

做法

1. 羅曼生菜洗淨瀝乾（或是超市已洗淨裝盒的亦可）。
2. 撒上由杏仁、腰果、開心果、葡萄乾、蔓越莓乾組成的綜合堅果（可買超市罐裝的現成品）
3. 撒一些黑胡椒碎及少許海鹽。
4. 淋上由巴沙米可醋和蜂蜜混合調製的醬汁。
5. 食用時拌勻即可。
6. 再來一杯咖啡和水果就是一份清胃腸的健康早餐。

食材

- 羅曼生菜
- 杏仁
- 腰果
- 開心果
- 葡萄乾
- 蔓越莓乾

調料

- 巴沙米可醋
- 蜂蜜
- 黑胡椒碎
- 海鹽

32

懶人葡萄沙拉

做法

1. 葡萄洗淨瀝乾後裝入沙拉碗裡。
2. 撒上新鮮的香蜂草。
3. 淋上原味優格。
4. 食用時拌勻即可。
5. 配咖啡和烤薯當簡易午餐。

食材

- 無籽葡萄
- 香蜂草

調料

- 原味優格

1

2

3

4

33

蘿曼萵苣酪梨番茄沙拉

做法

1. 蔬菜全部洗淨瀝乾。小番茄縱向切對半放入烤箱，以一百度烤二小時後取出備用，蘿曼萵苣用手掰成小段，紫洋蔥切絲，酪梨去皮去籽後切薄片，腰果用小煎鍋或烤箱烤香後放涼備用。
2. 取小碟放入法式迪戎芥末醬、檸檬汁、黑胡椒碎、蜂蜜、初榨橄欖油，攪拌均勻調成醬汁。
3. 取沙拉盤，分別放入蘿曼萵苣、烤好的小番茄、紫洋蔥絲、酪梨切片，再撒上薄荷嫩葉、腰果、羅勒籽、愛美達爾硬質乳酪絲，最後淋上調好的醬汁。
4. 食用時拌勻即可，搭配烤好的麵包和現磨咖啡當早餐或是當正餐的前菜沙拉也可。

註：烤小番茄也可以買市售風乾小番茄。

食材

- 蘿曼萵苣
- 酪梨（牛油果）
- 小番茄
- 紫洋蔥
- 薄荷
- 腰果
- 羅勒籽
- 艾美達爾硬質乳酪絲

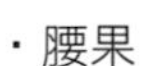

調料

- 黑胡椒碎
- 初榨橄欖油
- 新鮮檸檬汁
- 蜂蜜
- 法式迪戎芥末醬

34

蘋果金桔雙乳酪沙拉

做法

1. 蘋果去皮去籽後切片。
2. 金桔橫向切片。
3. 瑞士硬質乳酪刨片，藍紋乳酪切碎。
4. 以上食材依序鋪盤後撒上黑胡椒碎及岩鹽。
5. 小茴香取葉用手撕碎散落盤上。
6. 最後淋上蘋果醋及初榨橄欖油。
7. 食用前拌勻配麵包及咖啡當早餐。

食材

- 蘋果
- 金桔
- 藍紋乳酪
- 瑞士硬質乳酪
- 小茴香

調料

- 黑胡椒碎
- 初榨橄欖油
- 蘋果醋
- 岩鹽

1

2

3

35

蘋果香蕉藍莓乳酪沙拉

做法

1. 蘋果洗淨去皮去核切小丁。
2. 香蕉去皮切小丁。
3. 藍莓洗淨瀝乾。
4. 藍紋乳酪切碎。
5. 核桃去殼取果仁掰小塊後烤香備用。
6. 把上述三種水果放入一大碗，滴一些新鮮檸檬汁拌勻，以玻璃小碗裝盤，撒上藍紋乳酪及烤香的核桃碎，最後用薄荷裝飾。
7. 食用時稍加拌勻即可。

食材

・蘋果
・香蕉
・藍莓
・藍紋乳酪
・薄荷
・核桃

調料

・新鮮檸檬汁

1

2

3

4

36

蘋果番茄橙子沙拉

1

2

3

4

做法

1. 水果全部洗淨，小番茄縱向切對半，蘋果去皮去核切薄片，橙子去皮去籽切小丁，以上切好的水果和藍莓一起混裝於沙拉碗裡。
2. 烤過的核桃和腰果及葡萄乾散撒於碗內。
3. 切碎的藍紋乳酪、椰子蓉和新鮮薄荷葉撒在上面。
4. 現磨黑胡椒碎撒入，最後淋上初榨橄欖油和小茴香醋。
5. 食用時拌勻分裝小碗，配一些烤麵包或鹹脆餅和咖啡當下午茶點心。

註：藍紋乳酪已有鹹味，若用量足夠則不必再加海鹽。

食材

- 蘋果
- 小番茄
- 橙子
- 藍莓
- 葡萄乾
- 核桃
- 腰果
- 椰子蓉
- 藍紋乳酪
- 薄荷

調料

- 初榨橄欖油
- 黑胡椒碎
- 小茴香醋

37

蘋果藍紋乳酪沙拉

1

2

3

4

做法

1. 蘋果洗淨削皮切丁，新鮮薄荷葉和鼠尾草花朵洗淨甩乾備用。
2. 核桃和腰果事先烤過備用，開心果去殼掰成兩半。
3. 大沙拉碗中放入蘋果丁、核桃、腰果、開心果、葡萄乾、藍莓乾、龍眼乾、藍紋乳酪碎，再撒入椰子蓉、薄荷葉和鼠尾草花。
4. 最後淋上初榨橄欖油和少許新鮮檸檬汁。
5. 食用時拌勻分裝小盤，配乳酪烤餅和咖啡。

食材

- 蘋果
- 藍紋乳酪
- 薄荷
- 鼠尾草花
- 核桃
- 腰果
- 藍莓乾
- 葡萄乾
- 龍眼乾
- 椰子蓉
- 開心果

調料

- 初榨橄欖油
- 檸檬汁

38

三色橙柚沙拉

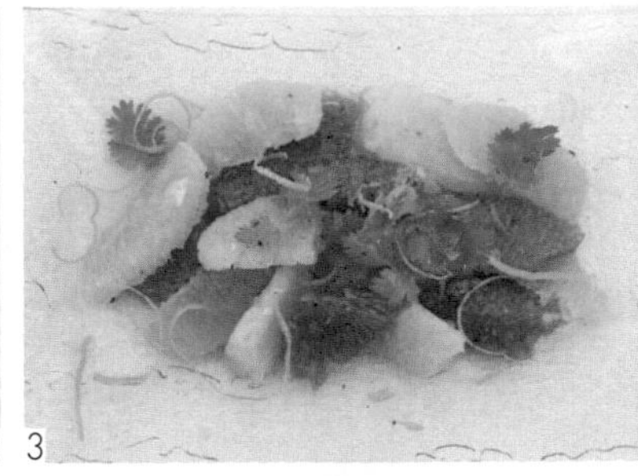

做法

1. 葡萄柚、小柚子、橙子全部洗淨。
2. 小柚子去外皮及內皮取肉掰成塊狀。
3. 橙子先用刮皮器刮取橙皮絲。
4. 拿一大碗準備接汁，橙子及葡萄柚去皮後，在大碗上依果瓣方向一瓣一瓣取肉，流出的湯汁留著備用。
5. 柚子、橙子、葡萄柚裝盤後把剛剛承接的湯汁淋入盤裡。
6. 撒上橙皮絲、香菜葉、黑胡椒碎、少許岩鹽，淋一些初榨橄欖油。
7. 可以當晚餐前菜，或配咖啡、乳酪、烤堅果麵包當下午茶點心。

食材

- 紅肉葡萄柚
- 橙子
- 小柚子（文旦）
- 香菜

調料

- 初榨橄欖油
- 黑胡椒碎
- 岩鹽

39

木瓜配薄荷優格醬

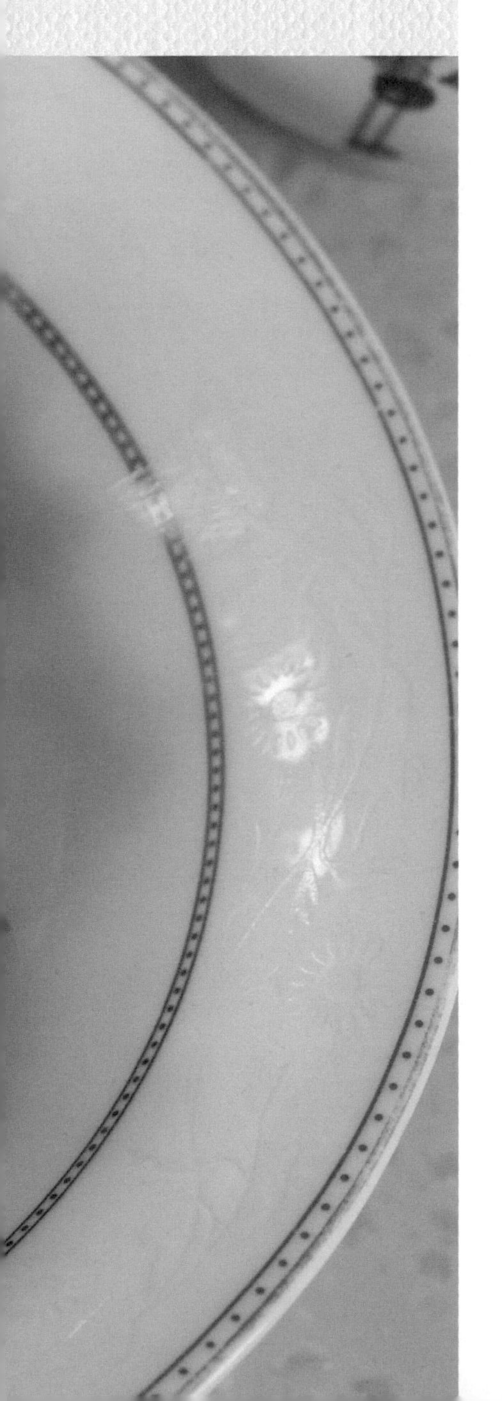

做法

1. 木瓜洗淨削皮後切兩半，用湯匙把籽刮除後切成小塊接著把木瓜裝盤。
2. 薄荷嫩葉洗淨後切絲和原味優格及白砂糖調成醬汁。
3. 把薄荷優格醬淋在木瓜上，食用時拌勻即可。

食材

- 木瓜
- 薄荷
- 原味優格（酸奶）
- 白砂糖

1

2

3

40

自製藍莓果醬酸奶

做法

1. 酸奶瓶用滾水燙一分鐘消毒，加入鮮奶和乳酸菌酵母攪拌，放入酸奶製作專用機（一般設定恆溫42度C）發酵十小時，即可製成原味酸乳，製成後即可食用，也可冷藏後食用，風味更佳。
2. 藍莓洗淨放入醬料鍋加白砂糖和少許水，大火煮滾後加入檸檬汁，轉小火續煮十分鐘，待藍莓中的花青素出來變成鮮豔的紫紅色即可離火放涼。
3. 把原味酸奶取出裝在碗裡，另取一些藍莓果醬放在酸奶表面，最後撒上薄荷葉當裝飾。
4. 食用時拌勻即可

食材

- 鮮奶
- 乳酸菌酵母
- 薄荷
- 藍莓
- 檸檬
- 白砂糖

41

水果杏仁蜂蜜酸奶

做法

1. 酸奶瓶先用熱開水燙過，加入鮮牛奶和酸奶發酵專用酵母菌，攪拌均勻後封蓋放入酸奶製作專用機中，設定恆溫42度C連續發酵十一小時，取出發酵好的酸奶放入冰箱冷藏一夜。
2. 蘋果洗淨後去核切小丁，烤熟的杏仁橫向切碎，杏子果脯切小丁。
3. 把原味酸奶分裝入沙拉碗中，撒上蘋果丁、杏子果脯丁、杏仁碎並淋上蜂蜜，最後擺上新鮮薄荷當裝飾。
4. 食用時拌勻即可，配蘋果茶和糕點當早餐。

食材

- 鮮牛奶
- 酵母菌
- 蘋果
- 杏子果脯（去籽杏子乾）
- 杏仁
- 蜂蜜
- 薄荷

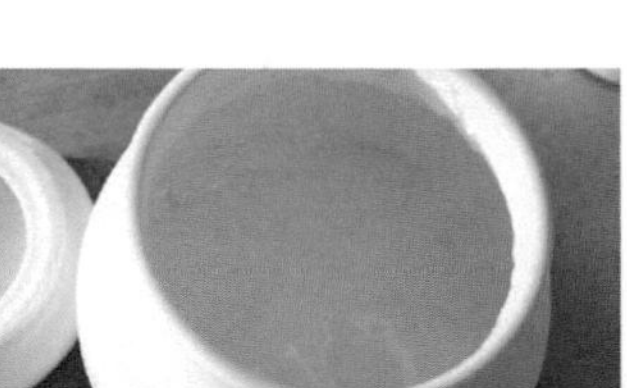
1

2

3

4

42

自製黃桃醬酸奶

做法

1. 酸奶瓶先用熱開水燙過，加入鮮牛奶和酸奶發酵專用酵母菌，攪拌均勻後封蓋放入酸奶製作專用機中，設定恆溫42度C連續發酵十小時，取出發酵好的酸奶放入冰箱冷藏一夜。
2. 黃桃洗淨去皮去核後切小丁，把黃桃丁放入醬料鍋加白砂糖，開大火煮滾後轉開小火熬煮五分鐘，關火並用電動打碎器把黃桃打成泥，熬好的黃桃醬放涼備用。
3. 從冰箱取出的酸奶分別裝入小碗，取一大匙黃桃醬澆在酸奶上，放新鮮薄荷在黃桃醬上即可上桌。
4. 食用時拌勻即可。

食材

- 鮮奶
- 酵母菌
- 黃桃
- 薄荷
- 白砂糖

43

蜂蜜桂花醬葡萄酸奶

做法

1. 自製原味酸奶請參考P243酸奶製作方法。
2. 自製蜂蜜桂花醬請參考P193蜂蜜桂花醬製作方法。
3. 無籽小葡萄洗淨，烤熟的開心果去殼後切碎。
4. 把原味酸奶裝在沙拉碗裡，放入無籽小葡萄，淋上蜂蜜桂花醬，撒上開心果碎粒，擺上新鮮小茴香當裝飾。
5. 食用時拌勻配咖啡和糕點當早餐。

食材

- 原味酸奶（優格）
- 無籽小葡萄
- 蜂蜜桂花醬
- 開心果
- 小茴香

1

2

3

4

CHAPTER 4

下午茶點／水果／甜點

01

烤四色薯

做法

1. 紫薯、紅薯、馬鈴薯、山藥全部洗淨削皮切中丁後散置於烤盤上。
2. 放入用兩百三十度已預烤十五分鐘的烤箱續烤四十分鐘後出爐裝盤。
3. 檸檬刷洗乾淨後先用刮皮器刮取檸檬皮絲，果肉切開榨取檸檬汁。
4. 原味優格、淡奶油、檸檬汁、白砂糖打散調成醬汁。
5. 裝盤的四色薯上撒一些黑胡椒碎和海鹽，再撒一些檸檬皮絲及新鮮薄荷葉，最後淋上醬汁。
6. 食用時拌勻即可，配咖啡當成簡易午餐。

食材

- 紫薯
- 紅薯
- 馬鈴薯
- 山藥
- 檸檬
- 薄荷

調料

- 黑胡椒碎
- 海鹽
- 原味優格
- 淡奶油（鮮奶油）

1

2

3

4

5

02

香草醬和水果醬

做法

1. 有些蛋糕太甜或者太淡，遇到此類蛋糕時製做一款萬能香草醬來搭配，就能徹底改善此種困境。
2. 萬能香草檸檬奶油醬做法：香草莢用刀剖開刮取香草籽，加白砂糖、檸檬汁、鮮奶油，用電動打泡器打到成綿密的乳泡狀，調製重點是甜中帶酸，甜味可以替太淡的蛋糕增加口感，酸味可以替太甜的蛋糕解膩，把香草檸檬奶油醬淋在蛋糕上，撒幾片新鮮薄荷即可。
3. 原味酸奶加酸甜的水果醬最對味，做蘋果醬時把切薄片的蘋果加一些油，放入炒鍋炒軟並加肉桂粉、白砂糖、少許水熬成蘋果醬，做鳳梨醬時把鳳梨切薄片加一些油，放入炒鍋炒軟並加白砂糖和水熬成鳳梨醬。
4. 把原味酸奶裝在碗裡，再分別淋上蘋果醬或鳳梨醬，撒一些烤好的杏仁碎粒並放薄荷葉當裝飾。

食材

- 香草
- 鮮奶油
- 檸檬
- 白砂糖
- 鳳梨
- 蘋果
- 肉桂粉
- 薄荷
- 杏仁顆粒

1

2

3

4

03

莎莎醬和青醬的應用

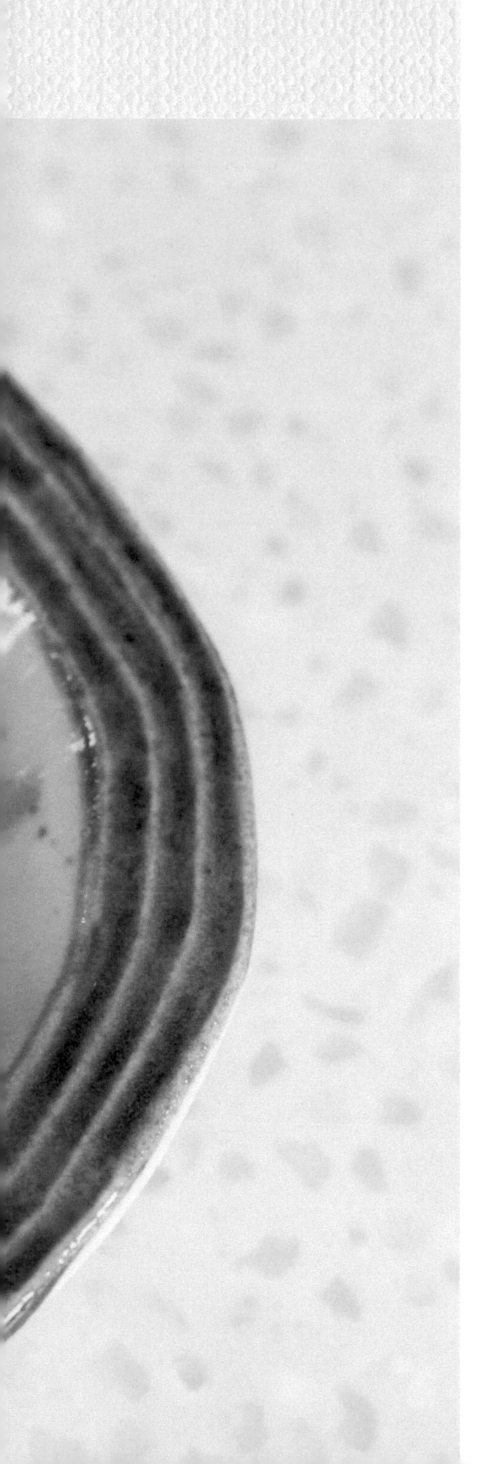

做法

1. 蔬菜全部洗淨，紅黃青三色燈籠椒和大番茄分別去蒂去籽切碎，紫洋蔥去皮切碎，把以上食材混合加海鹽、黑胡椒碎、香草醋和初榨橄欖油拌勻調成莎莎醬。
2. 莎莎醬可配原味烤玉米脆片吃，也可以放一些在奶油蒜味法棍麵包片上吃。
3. 把預先製作好的青醬放入醬料鍋，加少許水開中小火拌勻煮開，加鮮奶油拌至濃稠狀後取出，塗在事先烤好的奶油蒜味法棍麵包片上。
4. 青醬除和義大利麵、披薩搭配外也適合和奶油一起塗在麵包上吃。

食材

- 紅燈籠椒
- 黃燈籠椒
- 青椒
- 紫洋蔥
- 青醬
- 原味烤玉米脆片
- 奶油蒜味法棍面包切片

調料

- 黑胡椒碎
- 香草醋
- 海鹽
- 初榨橄欖油

1

2

3

04

簡易下午茶點心

1

2

3

4

做法 

1. 新鮮鼠尾草加熱開水泡成鼠尾草茶。
2. 青辣椒橫向切圈後去籽，撒在烤玉米脆片上。
3. 紅黃綠三色燈籠椒去籽切碎，紫洋蔥去皮切碎，番茄去籽切碎，把以上食材混合加岩鹽、黑胡椒碎、香草醋和初榨橄欖油，拌勻調成莎莎醬。
4. 無花果、花生軟糖、榛果／鷹嘴豆／曼越莓乾／葡萄乾之綜合堅果直接裝小碟。
5. 食用時用烤玉米脆片鏟少許莎莎醬一起食用，嗜辣者除莎莎醬外再加青辣椒圈一起食用。
6. 再配合綜合堅果乾果、無花果、花生軟糖、鼠尾草茶當成輕食點心。

食材

- 紅黃綠三色燈籠椒各一顆
- 紫洋蔥
- 番茄
- 原味烤玉米脆片
- 青辣椒
- 曬乾無花果
- 花生軟糖
- 榛果／鷹嘴豆／曼越莓乾／葡萄乾乾果
- 新鮮鼠尾草

調料

- 黑胡椒碎
- 香草醋
- 初榨橄欖油
- 岩鹽

05

火龍果沙拉下午茶

做法

1. 蜂蜜桂花醬加淡奶油和新鮮檸檬汁混合，用電動攪拌器打到微發泡即製成醬汁。
2. 紅色火龍果去皮切小片後直接裝盤，淋上醬汁並撒上新鮮薄荷葉，再撒幾朵檸檬羅勒的花朵當裝飾。
3. 把紅豆南瓜酪梨莎莎醬沙拉用小湯匙舀到每片玉米脆片上，用手拿著吃。
4. 東方美人茶以150cc的開水配4g茶葉，水溫約85度C時沖泡2分鐘即刻出湯。
5. 把火龍果沙拉，莎莎醬玉米脆片和東方美人茶當成一套下午茶組合，快速又簡便。

註：紅豆南瓜酪梨莎莎醬沙拉之製作請參考楊塵另一著作〈我愛沙拉〉紅豆南瓜酪梨莎莎醬沙拉章節。

食材

- 紅色火龍果
- 薄荷
- 蜂蜜桂花醬
- 淡奶油（鮮奶油）
- 檸檬
- 墨西哥玉米脆片
- 紅豆南瓜酪梨莎莎醬沙拉
- 東方美人茶
- 檸檬羅勒花朵

06

雙果醬下午茶點

1

2

3

4

5

做法

1. 原味烤餅：高筋麵粉加海鹽、水、酵母、茶籽油，揉成麵團靜置三十分鐘後壓成一張半公分的厚餅，再靜置發酵十五分鐘後放入小煎鍋中，開小火加蓋中途翻面把兩面各烤二分鐘，烤熟後取出放涼後切片備用。
2. 果脯蜂蜜烤麵包（做法參照P111果脯蜂蜜烤麵包作法）切片備用。
3. 烤餅塗上草莓醬，烤麵包塗上蜂蜜桂花醬，把烤過的松子與新鮮薄荷嫩葉撒在烤餅與烤麵包上。
4. 配咖啡當成早餐或下午茶點心皆可。

註：麵團靜置發酵時間此道是三十分鐘，這樣烤餅會比較結實，若喜歡鬆軟一點則可靜置發酵四十五分鐘。

食材

- 桂花蜂蜜醬
- 草莓醬
- 原味烤餅
- 果脯蜂蜜烤麵包
- 松子
- 薄荷

07

假日下午茶

1

2

3

4

5

做法

- 酪梨去皮取肉切小丁，藍紋乳酪切碎，核桃烤香後掰成小塊。
- 把酪梨丁置於盤底，四週用西班牙火腿片繞城一圈，中間鋪上藍紋乳酪碎及核桃小塊，撒一些黑胡椒碎並淋上初榨橄欖油，以薄荷葉裝飾盤面即成酪梨火腿沙拉。
- 櫻桃對半切並去籽，鳳梨及芒果去皮取肉後切小丁，以上三種水果混合後撒香蜂草並淋上原味優格即成水果沙拉。
- 假日下午假如你錯過了午餐，就來一塊戚風蛋糕、一杯現磨咖啡，再加上以上兩種沙拉，相信你會有一個愉快的下午茶時光。

食材

・西班牙火腿
・酪梨（牛油果）
・核桃
・薄荷
・藍紋乳酪
・芒果
・鳳梨
・櫻桃
・蜜蜂草（香蜂草）
・原味優格

08

四個下午茶點心

1

2

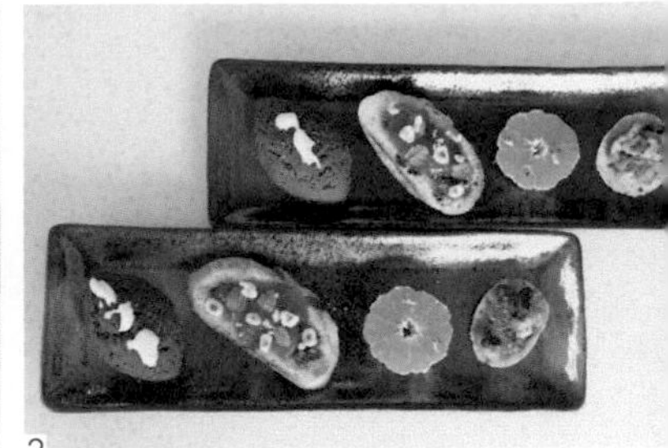

3

4

5

做法

1. 紅豆南瓜酪梨莎莎醬沙拉製作方法請參考楊塵另一著作〈我愛沙拉〉中該章節。
2. 檸檬蜂蜜奶油醬之製作：把檸檬汁、蜂蜜和淡奶油混合用電動攪拌器打到微發泡即可。
3. 玉米脆片點心：把紅豆南瓜酪梨莎莎醬沙拉放到玉米脆片上，淋檸檬橄欖油並撒辣椒碎，放上小茴香嫩葉。
4. 橘子點心：橘子剝皮後橫向切兩半，斷面朝上淋少許蜂蜜並撒上岩鹽和艾歐鼠尾草花朵。
5. 烤麵包點心：烤麵包切片，塗上蜂蜜桂花醬和新鮮柿子醬，撒上切碎的去皮榛果和新鮮薄荷葉。
6. 紫薯點心：煮熟的紫薯去皮搗碎加入大部分檸檬蜂蜜奶油醬拌勻，放入模型壓成薯泥點心，淋上預留的少部分檸檬蜂蜜奶油醬。
7. 把四種點心裝成一盤，配咖啡當下午茶點。

食材

- 墨西哥玉米脆片
- 紅豆南瓜酪梨莎莎醬沙拉
- 小茴香
- 無籽小橘子
- 艾歐鼠尾草
- 堅果葡萄烤麵包
- 柿子
- 薄荷
- 去皮榛果
- 紫薯
- 檸檬
- 蜂蜜
- 淡奶油（鮮奶油）
- 蜂蜜桂花醬
- 檸檬橄欖油

調料

- 岩鹽
- 烤熟的辣椒碎

09

香菜花水果盅

做法 

1. 無籽紅色小葡萄洗淨後每顆橫向切對半。
2. 奇異果、蘋果去皮取肉切小丁。
3. 把奇異果、蘋果散置沙拉碗底，葡萄放在中間。
4. 最後放上香菜花即可。

註：香菜花和香菜的香味是一致的。

食材

- 無籽紅色小葡萄
- 奇異果
- 蘋果
- 香草花

10

香菜花芒果盤

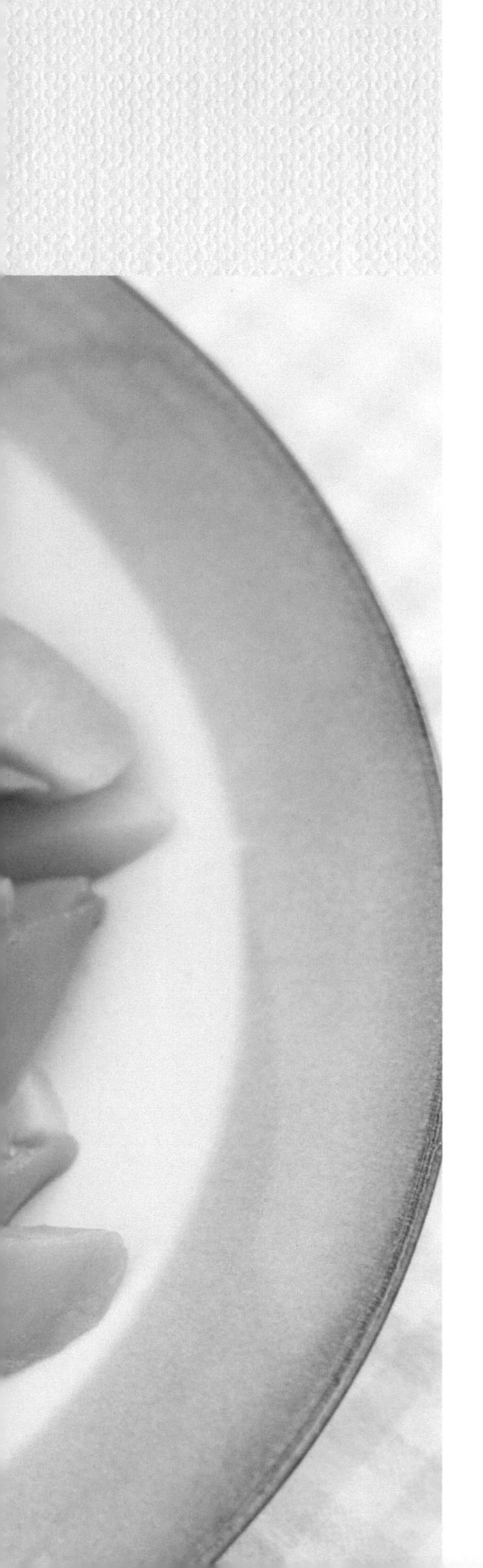

做法 

1. 芒果洗淨去皮去籽切薄片，撒上新鮮的香菜花。
2. 此道是極簡易甜點，配咖啡和其他甜點當飯後點心。
3. 芒果的甜度已非常夠不需要多餘的甜醬汁，倒是可以加一些檸檬或酸奶平衡一下甜度。

註：剛開花的香菜花帶有香菜一樣的香氣，配味和裝飾兩相宜。

食材

- 芒果
- 香菜花

11

哈密瓜水果盤

做法

1. 哈密瓜削皮去籽切薄片，擺盤時堆疊成圈狀。
2. 撒上新鮮薄荷葉及曼越莓果乾。
3. 食用時淋一些蜂蜜。

食材

- 新疆哈蜜瓜
- 薄荷
- 曼越莓果乾

調料

- 蜂蜜

12

一分鐘水果盤

做法 

1. 橙子水洗一下，把頂部開蓋，依橙子瓣方向把皮削去，最後把底部削去，然後把整顆果肉橫向切片。
2. 擺在盤裡堆疊成一圈，以新鮮薄荷花朵裝飾。
3. 簡單也是一種美學，有時要讓複雜的生活步調回歸本真。

食材

・橙子
・薄荷

13

花香鴨梨水果盤

做法

1. 紅皮鴨梨洗淨削皮後切開去核，依果型縱向切成薄片。
2. 把切好的鴨梨薄片按相同方向在沙拉盤上平鋪兩層。
3. 在鴨梨上灑滿九月盛開的紫蘇花朵。
4. 最後淋上充滿花香的龍眼花蜜。

食材

- 紅皮鴨梨
- 紫蘇

調料

- 蜂蜜（龍眼花蜜）

1

2

3

14

芒果和玫瑰花茶

1

2

3

4

5

6

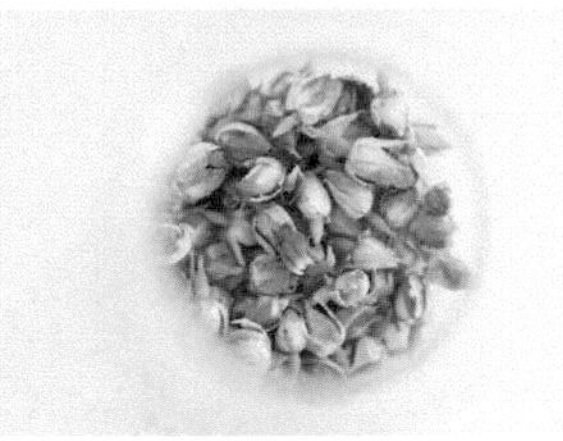
7

8

9

做法

1. 芒果洗淨削皮去籽，切薄片後直接裝盤，撒上香菜花及嫩葉。
2. 乾燥玫瑰花用滾水沖洗一次後倒掉，再注入開水泡五分鐘即可。
3. 事先烤好的芒果核桃麵包切片，每一片麵包放上一片法國布里白黴乳酪和幾片薄荷嫩葉，在乳酪上撒一些四色胡椒碎並淋少許初榨橄欖油，用手拿著食用。
4. 吃芒果配芒果核桃麵包並來一杯玫瑰花茶。

食材

- 芒果
- 開花的香菜
- 伊朗乾燥玫瑰花苞
- 芒果核桃烤麵包
- 法國布里白黴乳酪
- 薄荷

調料

- 四色胡椒碎
- 初榨橄欖油

15

水果拼盤

做法

1. 石榴去皮取果實。
2. 藍莓及白葡萄洗淨。
3. 以上食材取一大盤採環狀排列。
4. 最後放上薄荷裝飾。
5. 作為早餐，來一盤綜合水果是現代人明智的選擇。

食材

・石榴
・白葡萄
・藍莓
・薄荷

16

櫻桃克拉芙緹

做法

1. 核桃仁掰碎，炸鍋放無鹽奶油用小火炸香核桃製成核桃奶油碎備用。
2. 櫻桃洗淨用櫻桃去核器把櫻桃核一一去掉，把大部分裝在烤盤，取少部分放入醬汁鍋加水和白砂糖，用小火熬煮製成櫻桃漿果備用。
3. 雞蛋去殼把全蛋放入大缽，加入白砂糖用攪拌器充分打散，續加入淡奶油和低筋麵粉攪拌均勻，接著加入核桃奶油碎攪拌成濃稠奶油蛋糊。
4. 把蛋糊倒入裝著櫻桃的烤盤並淋上熬好的櫻桃漿果，放入用二百一十度已預烤十五分鐘的烤箱續烤三十分鐘。
5. 出爐後稍放涼，用濾網撒一些白糖霜在成品表面，放幾顆新鮮櫻桃當裝飾。

食材

- 櫻桃
- 雞蛋
- 低筋麵粉
- 白砂糖
- 核桃
- 無鹽奶油（黃油）
- 淡奶油（鮮奶油）
- 白糖霜

17

藍莓克拉芙緹

做法

1. 藍莓洗淨，雞蛋去殼使用全蛋。
2. 取小部分藍莓放入醬汁鍋加水和白砂糖，開小火煮滾時加入新鮮檸檬汁，大約十分鐘慢慢熬成紫紅色的藍莓漿果備用。
3. 大鉢放入雞蛋和白砂糖用攪拌器充分打散，接著加入低筋麵粉和鮮奶油，繼續用攪拌器把蛋奶麵糊打成濃稠狀。
4. 把預留的大部分藍莓放入烤盤，接著把蛋奶麵糊倒入烤盤，然後放入用二百度已預烤十五分鐘的烤箱續烤三十分鐘，出爐後把熬好的藍莓漿果鋪在成品上，稍微放涼後用濾網撒一些白糖霜上去，最後放上薄荷當裝飾。
5. 食用時切成小塊分裝小盤，放冰箱冷藏再吃一樣非常美味。

食材

· 藍莓
· 低筋麵粉
· 雞蛋
· 白砂糖
· 鮮奶油
· 白糖霜
· 檸檬
· 薄荷

18

藍莓費南雪1

做法

1. 藍莓洗淨瀝乾，取一小部分加白砂糖和水用小鍋熬成藍莓果醬。
2. 雞蛋去殼只取蛋白部分使用。
3. 榛果碎加無鹽奶油放入炸鍋中用小火炸香做成榛果奶油。
4. 大缽內放杏仁粉和白砂糖，混合均勻後加入蛋白打成杏仁蛋白糊，接著加入預留的大部分藍莓、榛果奶油，充分攪拌後放入烤盤，把熬好的藍莓果醬取一半淋在蛋糊表面。
5. 放入用二百度已預烤十五分鐘的烤箱續烤二十五分鐘，出爐後放涼切塊裝盤。
6. 食用時把另一半事先熬好的藍莓果醬淋在烤好的費南雪上。

食材

- 藍莓
- 雞蛋
- 杏仁粉
- 白砂糖
- 榛果碎
- 無鹽奶油（黃油）

19

藍莓費南雪2

做法

1. 藍莓洗淨瀝乾，雞蛋去殼只用蛋白部分。
2. 榛果碎加無鹽奶油，放入小鍋開小火炸香製成榛果碎奶油備用。
3. 取少部分藍莓加白砂糖和水，放入醬汁鍋用小火熬成藍莓果醬備用。
4. 鉢內放杏仁粉和白砂糖攪拌混合，加入蛋白打成粘稠狀，放入預留的大部分新鮮藍莓攪拌均勻，接著放入榛果碎奶油攪拌混合，把藍莓蛋糊倒入烤盤，在蛋糊上淋一些熬好的藍莓果醬點綴。
5. 放入用二百二十度已預烤十五分鐘的烤箱續烤二十五分鐘，出爐後在成品表面淋一些剩下的藍莓果醬，放涼後切塊裝盤，撒幾片新鮮薄荷葉當裝飾。
6. 放冰箱冷藏後食用也很美味。

食材

- 藍莓
- 杏仁粉
- 雞蛋
- 白砂糖
- 榛果碎
- 無鹽奶油（黃油）
- 薄荷

20

烤水蜜桃沙巴雍

做法

1. 水蜜桃洗淨後去皮去核切瓣，平鋪在烤盤上。
2. 沙巴雍醬製作：把蛋黃、白砂糖、白葡萄酒放入醬料鍋，用打蛋器打發讓體積膨脹約原來兩倍大，放入加滿滾水的湯鍋採用隔水加熱方式，繼續用打蛋器打至醬料濃稠而綿密即成沙巴雍。
3. 把打好的沙巴雍均勻澆在烤盤裡的水蜜桃上，撒上杏仁碎粒，放入用二百度已預熱十五分鐘的烤箱續烤二十分鐘。
4. 出爐後放涼即可食用。

食材

- 水蜜桃
- 雞蛋
- 香檳或白葡萄酒
- 白砂糖
- 杏仁碎粒

21

沙巴雍醬烤油桃

1

2

3

4

5

6

7

做法

1. 油桃洗淨縱向切成四瓣並去籽，切好的油桃放入烤盤。
2. 雞蛋去蛋殼只取蛋黃使用。
3. 把蛋黃、白砂糖、甜杏露酒放入沙拉碗中充分打散。
4. 沙拉碗中的材料採用隔水加熱，亦即把沙拉碗放入裝有沸水的大鍋中，接著把碗中的蛋液打發令其膨脹成原來兩倍，這樣就完成了沙巴雍醬的製作。
5. 把沙巴雍醬均勻淋在油桃上面，接著放入用兩百度已預烤十五分鐘的烤箱續烤二十分鐘，只要表面出現漂亮的焦黃色就出爐放涼並裝盤。
6. 裝盤後淋上事先用黑糖熬好的焦糖醬汁，撒新鮮薄荷葉當裝飾。

食材

· 油桃
· 雞蛋
· 甜杏露酒
· 白砂糖
· 薄荷
· 黑糖
· 薄荷

22

沙巴雍醬烤芒果

1 2 3 4 5 6

做法

1. 芒果洗淨去皮去籽切長條狀後放入烤盤。
2. 雞蛋去殼只取蛋黃使用，把蛋黃、白砂糖、甜白酒放入沙拉碗打散，沙拉碗中的材料採用隔水加熱方式，亦即把沙拉碗放入裝有沸水的大鍋中，把沙拉碗中的蛋液打發令其膨脹成原來兩倍大。
3. 把打發的蛋液均勻淋在芒果上，接著放入用二百度已預烤十五分鐘的烤箱續烤二十分鐘，出爐後放涼撒上香菜花並分裝在小甜點盅裡。

註：芒果甜度較高並不需要焦糖醬汁，喜歡甜食者可自行添加。

食材

- 芒果
- 雞蛋
- 白砂糖
- 甜白酒（帶甜味的白葡萄酒）
- 香菜花

23

香蕉巧克力

做法

1. 香蕉去皮切片裝在玻璃盅裡。
2. 巧克力加鮮奶油隔水加熱，融化後稍加攪拌淋在香蕉片上。
3. 撒上榛果糖粒並放新鮮薄荷當裝飾。

食材

- 香蕉
- 巧克力
- 鮮奶油
- 薄荷
- 榛果糖粒

1

2

3

24

瑪德蓮小蛋糕的吃法

做法

1. 檸檬洗淨分別刨取皮絲和搾汁。
2. 蜂蜜檸檬奶油醬做法：把蜂蜜、新鮮檸檬汁、新鮮淡奶油充分攪拌均勻即可。
3. 把各種不同造型的瑪德蓮小蛋糕放在盤上，淋上蜂蜜檸檬奶油醬，撒上檸檬皮絲、榛果糖粒、新鮮薄荷即可。
4. 瑪德蓮小蛋糕是法國東北洛林地區的著名糕點，以各種不同尺寸的貝殼造型和橙子口味為經典款式，可以自己做或從麵包糕點店買回。
5. 配好醬汁和配料的瑪德蓮小蛋糕搭配咖啡和水果一起食用，多人聚會時是一道簡單而討喜的糕點。

食材

- 法式橙子口味瑪德蓮小蛋糕
- 檸檬
- 薄荷
- 榛果糖粒

調料

- 蜂蜜
- 新鮮淡奶油

1 2 3 4

25

核桃三色薯甜點

做法

1. 紅薯、馬鈴薯洗淨削皮切小丁，放入已煮滾的湯鍋一起煮熟後撈出放涼。
2. 紫薯洗淨後不削皮直接放入另一已煮滾的湯鍋中，煮熟後撈出放涼剝皮切小丁。
3. 核桃仁掰成小塊和白砂糖一起加水熬煮到醬汁濃稠變栗子色，即成核桃粒糖漿。
4. 把煮熟的馬鈴薯丁鋪在沙拉盤的最外圈，紅薯丁鋪在內圈，紫薯丁堆在正中央。
5. 淋上熬好的核桃粒糖漿並撒上新鮮的薄荷葉。
6. 食用時分裝到小沙拉碗並拌勻即可。
7. 當成飯後甜點或下午茶點心來食用。

食材

- 紅薯（番薯）
- 馬鈴薯（土豆）
- 紫薯
- 核桃
- 薄荷

調料

- 白砂糖

1

2

3

4

26

雙薯核桃甜點

做法

1. 紅薯洗淨去皮切小丁，入鍋加水煮約二十分鐘熟透後撈出放涼備用。
2. 紫薯洗淨整顆入鍋，加水煮約二十分鐘熟透後撈出，稍涼後去皮切小丁備用。
3. 核桃剝殼取核仁掰成小塊加水及白砂糖煮二十分鐘等收汁後取出備用。
4. 用煮核桃的原鍋加入杏仁粉、燕麥粉、水，拌勻煮開後關火，加入淡奶油調成濃稠醬汁。
5. 玻璃碗中放入紅薯丁、紫薯丁、甜核桃仁，淋上醬汁，並撒薄荷葉裝飾。
6. 食用時拌勻即可，配咖啡或茶皆宜。

食材

- 紅薯（番薯）
- 紫薯
- 核桃
- 薄荷
- 淡奶油（鮮奶油）
- 白砂糖
- 杏仁粉
- 燕麥粉

1

2

3

27

紫薯泥甜點

做法

1. 紫薯洗淨帶皮煮熟後撈出（大約煮30分鐘）。
2. 稍涼後剝皮把紫薯肉用湯匙搗成泥。
3. 檸檬擰榨取汁並加入淡奶油及細砂糖拌勻後和紫薯泥攪拌然後盛裝在玻璃杯裡。
4. 在紫薯泥上鋪上巧克力薄片並用漏網撒上糖霜。
5. 最後用薄荷葉裝飾。

食材

- 紫薯
- 檸檬
- 薄荷
- 巧克力薄片

調料

- 白糖霜
- 淡奶油（鮮奶油）

28

石榴愛玉子

做法 

1. 愛玉子果凍製作方法參考P305愛玉子冰品章節。
2. 愛玉子果凍切塊狀，放入大沙拉碗中，撒上預先剝好的新鮮石榴果實和薄荷嫩葉，倒入預先調好的新鮮檸檬糖漿水。
3. 夏日食用前放入冰箱事先冷藏半小時，風味更佳。

食材

- 曬乾愛玉子
- 石榴
- 薄荷
- 檸檬
- 果糖漿（轉化糖醬）

1 2 3 4

29

愛玉子冰品

做法

1. 曬乾愛玉子用不鏽鋼湯匙刮取種子，放入乾淨棉布袋中，取一大碗盛裝半碗乾淨冷開水，把棉布袋浸入水中用手搓揉，讓愛玉子粘稠的汁液釋放入水中，一直搓揉到愛玉子沒有明顯的汁液滲出，把這碗愛玉子汁液倒入一適當厚度的容器靜置四十五分鐘令其結成果凍。
2. 取出愛玉子果凍用刀切成塊狀，放入大型沙拉碗中，加入預先切好的新鮮橙子果肉，撒上新鮮薄荷葉及玫瑰花瓣，再倒入預先調好的新鮮檸檬蜂蜜水。
3. 放入冰箱冷藏半小時，食用時分裝到小沙拉碗中。
4. 這是炎炎夏日一道清爽怡人的冰品。

註：根據個人甜度喜好可酌量加一些果糖漿。

食材

- 曬乾的愛玉子
- 橙子
- 新鮮玫瑰花
- 薄荷
- 檸檬
- 蜂蜜
- 果糖漿（轉化糖醬）

1

2

3

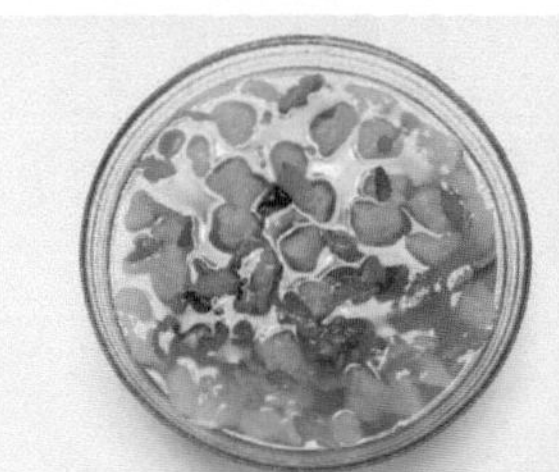
4

30

檸檬石榴愛玉子果凍

做法

1. 曬乾愛玉子用小刀或叉子刮出果實種子，將刮出的愛玉子用一個紗網濾袋裝好，取一大碗裝七分滿冷開水，把愛玉子紗袋放入冷開水中，用手慢慢搓揉把愛玉子果膠溶於水中，大約搓揉十分鐘後感覺不再有果膠溶出，即可丟棄愛玉子果皮殘渣。
2. 把愛玉子果膠汁液倒入一個約兩三公分的淺盤，在常温中靜置半小時，等果膠凝固結成果凍即可用小刀或湯匙把果凍劃成小塊。
3. 檸檬榨汁加蜂蜜和一些冷開水攪拌成蜂蜜檸檬糖水。
4. 在果凍上撒上剝好的石榴果實，淋上蜂蜜檸檬糖水，擺上新鮮薄荷當裝飾，食用時拌勻即可。
5. 夏季食用前冷藏一小時風味更佳。

食材

・曬乾愛玉子
・檸檬
・石榴
・薄荷
・蜂蜜

31

蜂蜜檸檬愛玉子果凍

1

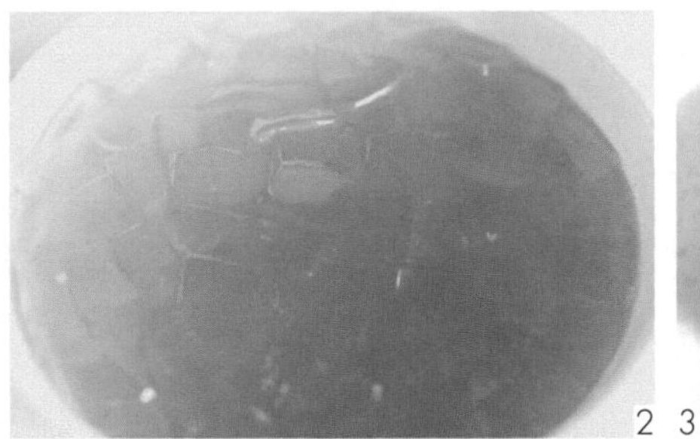
2

3

4

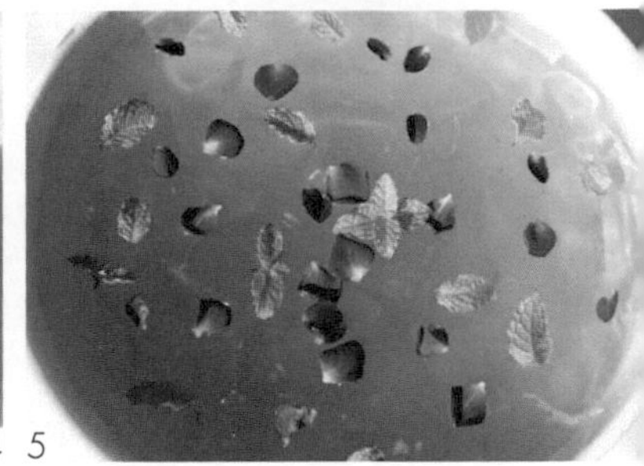
5

做法

1. 曬乾愛玉子用小刀把果實種子刮出，把愛玉子種子放入紗網袋中。
2. 取一大碗盛裝冷開水，把裝愛玉子的紗網袋放入冷開水中搓揉，讓愛玉子果膠溶於水中，大約五分鐘後感覺果膠不再溶出即可取出紗袋。
3. 把大碗裡的果膠水倒入一個較淺的盤子或容器，靜置半小時即可凝結成愛玉子果凍，用小刀或利器輕輕在果凍上劃等份的小棋盤，即製成方塊形的果凍塊。
4. 取一大碗放入現榨檸檬汁和蜂蜜，加入部分冷開水攪拌均勻，放入愛玉子果凍塊，撒上新鮮薄荷嫩葉和玫瑰花瓣，熱天食用前放入冰箱冷藏一至二小時。
5. 食用時分裝小碗即可。

食材

- 曬乾愛玉子
- 檸檬
- 蜂蜜
- 薄荷
- 新鮮玫瑰花瓣

32

紅酒炖梨

做法

1. 梨削皮去核留蒂保持完整形狀（用取核器從梨底部取核）。
2. 橙取皮備用。
3. 砂鍋中放梨、橙皮、肉桂棒，澆入整瓶紅葡萄酒。
4. 撒一些黑胡椒碎、冰糖。
5. 大火煮滾後熄火，蓋鍋燜一小時讓梨入味。
6. 續開火煮滾後用小火炖一小時半直至鍋底只剩濃縮湯汁。
7. 用小玻璃碗盛梨並裝一些湯汁，以薄荷葉裝飾。
8. 此道甜點冷藏後食用風味亦佳。
9. 葡萄酒選便宜自己喜歡的即可。

註：梨核酸苦，去核口感較佳。

食材

- 水梨
- 橙子
- 肉桂
- 紅葡萄酒
- 薄荷
- 冰糖
- 黑胡椒碎

國家圖書館出版品預行編目資料

家庭早餐和下午茶／楊塵著. --初版.--新竹縣竹北市：楊塵文創工作室，2020.2
面； 公分.——（楊塵私人廚房；2）
ISBN 978-986-94169-6-2（平裝）
1.食譜 2.西餐
427.1 108013305

楊塵私人廚房（2）

家庭早餐和下午茶

作　　者 楊塵
攝　　影 楊塵
發 行 人 楊塵
出　　版 楊塵文創工作室
302-64新竹縣竹北市成功七街170號10樓
電話：（03）6673-477
傳真：（03）6673-477
設計編印 白象文化事業有限公司
專案主編：林孟侃　經紀人：吳適意
經銷代理 白象文化事業有限公司
412台中市大里區科技路1號8樓之2（台中軟體園區）
出版專線：（04）2496-5995　傳真：（04）2496-9901
401台中市東區和平街228巷44號（經銷部）
購書專線：（04）2220-8589　傳真：（04）2220-8505
印　　刷 基盛印刷工場
初版一刷 2020年2月
定　　價 400元